Nigar Sultana

Desempenho do sistema sem fios DS-CDMA com Fading

Nigar Sultana

Desempenho do sistema sem fios DS-CDMA com Fading

Sistema DS-CDMA sem fios

ScienciaScripts

Imprint

Any brand names and product names mentioned in this book are subject to trademark, brand or patent protection and are trademarks or registered trademarks of their respective holders. The use of brand names, product names, common names, trade names, product descriptions etc. even without a particular marking in this work is in no way to be construed to mean that such names may be regarded as unrestricted in respect of trademark and brand protection legislation and could thus be used by anyone.

Cover image: www.ingimage.com

This book is a translation from the original published under ISBN 978-613-9-91685-6.

Publisher:
Sciencia Scripts
is a trademark of
Dodo Books Indian Ocean Ltd. and OmniScriptum S.R.L publishing group

120 High Road, East Finchley, London, N2 9ED, United Kingdom
Str. Armeneasca 28/1, office 1, Chisinau MD-2012, Republic of Moldova, Europe
Printed at: see last page
ISBN: 978-620-5-66285-4

ÍNDICE

ABSTRACT

Este artigo desenvolve e modela uma rede sem fios DS-CDMA por simulação. Apresenta uma visão geral dos sistemas de transmissão CDMA, em comparação com outros esquemas de acesso múltiplo. Os parâmetros e condições do canal são variados e o desempenho estudado. A investigação da difusão, modulação e codificação é levada a cabo. As técnicas de modulação BPSK são utilizadas para ver o desempenho do sistema quando cada uma delas é utilizada. O RIC é utilizado como uma ferramenta para monitorizar a saída do sistema, uma vez que o SNR é variado. O canal AWGN é utilizado na simulação. A simulação começa com um único utilizador e mais tarde o número de utilizadores é aumentado e os resultados são avaliados. Os resultados finais são comparados com os resultados teoricamente calculados e finalmente concluídos.

Capítulo Um : Introdução ao Sistema de Comunicação

1.1 Introdução

Um sistema de comunicação é a combinação de circuitos e dispositivos montados para realizar a transmissão de informação de um ponto para outro. Existem muitos tipos diferentes de fontes de informação e existem diferentes formas de mensagens. Em geral, as mensagens podem ser classificadas como analógicas ou digitais. As mensagens analógicas (tais como fala, música, temperatura...etc.) são representadas por variáveis de tempo contínuo enquanto que as mensagens discretas (tais como texto ou dados numéricos) são representadas por símbolos discretos. Muitas vezes, a mensagem produzida por uma fonte de informação não é adequada para transmissão e, portanto, deve ser utilizado um transdutor de entrada. Por exemplo, um microfone converte a fala (isto é, o sinal de mensagem) de uma onda de pressão para uma tensão eléctrica e a mensagem é representada por uma forma de onda analógica. Noutros exemplos, a tensão do sinal analógico é proporcional à temperatura, pressão ou intensidade luminosa. Num sinal digital, os valores discretos de tensão representam vários estados da fonte da mensagem. Por exemplo, um teclado de computador pode gerar mais de 100 símbolos discretos.

Para que qualquer sistema de comunicação seja útil, três partes principais são essenciais. Estas partes são mostradas na Figura 1.

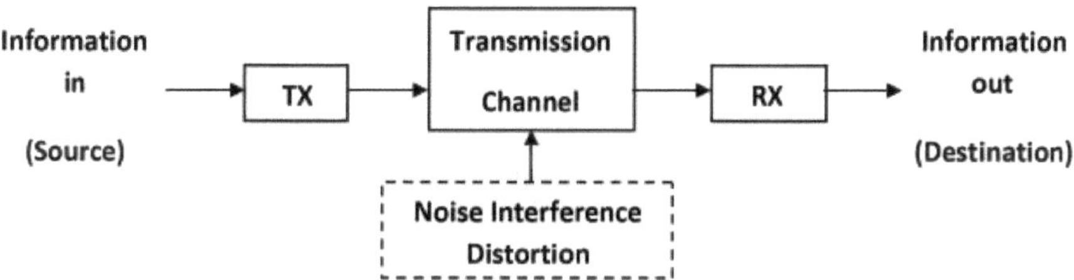

Figura 1: Partes básicas de um sistema de comunicação

Um transmissor é utilizado para acoplar o sinal da mensagem ao meio de transmissão (isto é, o canal). O transmissor pode simplesmente filtrar, amplificar e acoplar o sinal ao meio ou pode impor o sinal de mensagem a uma onda portadora de frequência superior. O sinal de mensagem é utilizado para modular a onda portadora. A utilização da onda portadora de frequência mais alta facilita a transmissão de rádio sem fios.

O canal inclui o meio de transmissão e pode introduzir ruído e distorção. Exemplos de canais são o cabo coaxial, fio torcido, fibra óptica ou o espaço livre entre a transmissão e a recepção de antenas de rádio.

O receptor extrai o sinal de mensagem do sinal recebido e depois converte-o para uma forma adequada para o transdutor de saída. O processo de extracção inclui normalmente a amplificação, filtragem e desmodulação.

O transdutor de saída completa o sistema de comunicação, convertendo o sinal eléctrico para a forma desejada pelo utilizador. Exemplos de transdutores de saída são altifalantes, contadores, ecrãs de televisão e ecrãs de computador.

1.2 Diagrama de blocos básicos de um sistema de comunicação

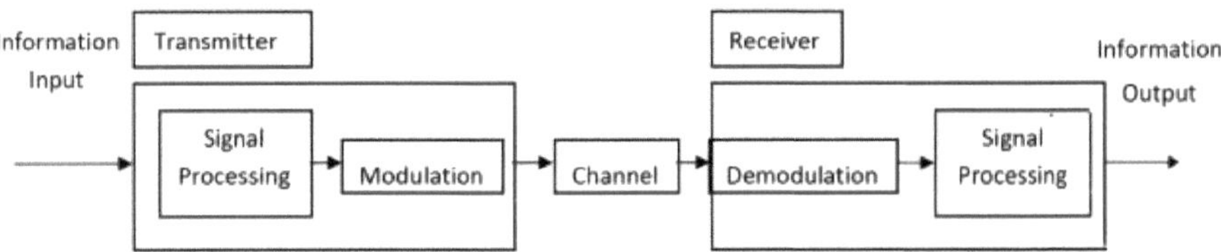

Figura 2: Diagrama de blocos básicos de um sistema de comunicação

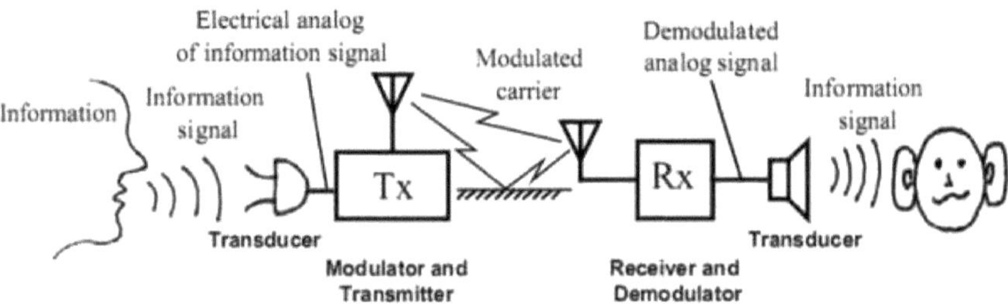

Figura 3: Diagrama de blocos de um sistema de comunicação analógico

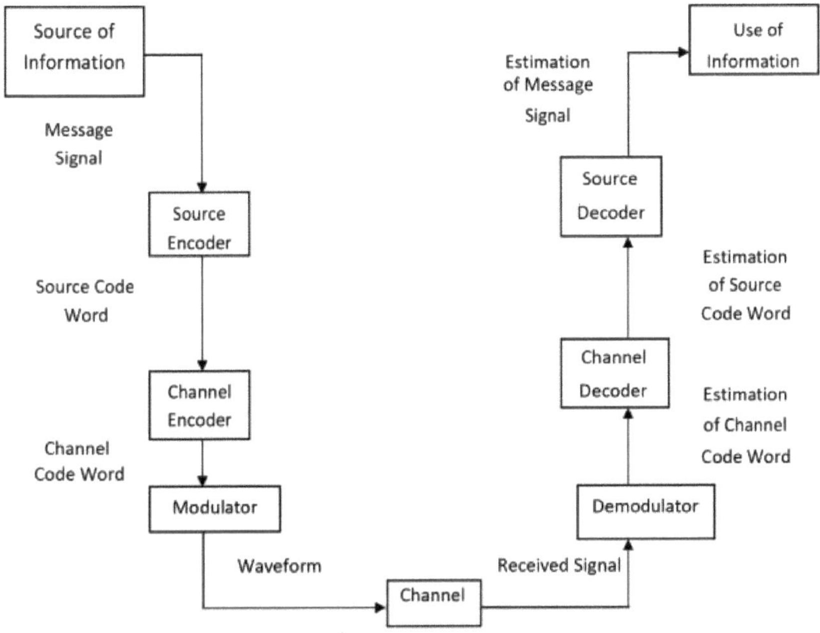

Figura 4: Diagrama de blocos de um Sistema de Comunicação Digital

1.3 Diferentes Tipos de Sistema de Comunicação

Os sistemas de comunicação são principalmente de dois tipos. Estes são:

Sistema de Comunicação Digital

Sistema de Comunicação Analógica

Agora estas são discutidas brevemente:

Sistema de Comunicação Digital:

A transmissão de dados digitais através de uma plataforma digital que tem a capacidade de combinar texto, áudio, gráficos, vídeo e dados. A comunicação digital permite a transmissão de dados de uma forma eficiente através da utilização de informação codificada digitalmente enviada através de sinais de dados. Estes sinais de dados são facilmente comprimidos e, como tal, podem ser transmitidos com precisão e rapidez.

Ao contrário de uma comunicação analógica em que a continuidade de um sinal variável não pode ser quebrada, numa comunicação digital uma transmissão digital pode ser decomposta em pacotes como mensagens discretas. A transmissão de dados em mensagens discretas não só facilita a detecção e correcção de erros, como também permite uma maior capacidade de processamento de sinais. A comunicação digital substituiu, em grande parte, a comunicação analógica como a forma ideal de transmissão de informação através de tecnologias informáticas e móveis.

Sistema de Comunicação Analógica:

A Comunicação Analógica é uma técnica de transmissão de dados num formato que utiliza sinais contínuos para transmitir dados incluindo voz, imagem, vídeo, electrões, etc.

Um sinal analógico é um sinal variável contínuo tanto em tempo como em amplitude que é geralmente transportado através do uso da modulação.

Os circuitos analógicos não envolvem quantização de informação ao contrário dos circuitos digitais e, consequentemente, têm uma desvantagem primária de variação aleatória e degradação do sinal, resultando particularmente na adição de ruído à qualidade de áudio ou vídeo ao longo da distância.

Os dados são representados por quantidades físicas que são adicionadas ou removidas para alterar os dados. A transmissão analógica é barata e permite a transmissão de informação de ponto a ponto ou de um ponto a muitos. Uma vez que os dados tenham chegado à extremidade receptora, são convertidos novamente em formato digital para que possam ser processados pelo computador receptor.

1.4 Diferentes Tipos de Modulação

Um processo pelo qual as características da banda base do sinal são alteradas para se adequarem aos meios de comunicação é conhecido como Modulação.

Tipos de Modulação:

- Modulação analógica

- Modulação Digital

Técnicas de Modulação Analógica:

- Modulação de Amplitude

- Modulação de Frequência

- Modulação de fase

Técnicas de Modulação Digital:

- ASK(Chaveamento de mudança de Amplitude)

- FSK (Teclado de mudança de frequência)

- PSK (Chaveamento de mudança de fase)

Modulação de Amplitude (AM):

Na modulação Amplitude (AM), o sinal de informação é misturado com o sinal portador de modo a fazer variar a amplitude da portadora na frequência do sinal de informação.

É a forma mais comum de modulação devido à facilidade com que o sinal da banda de base pode ser recuperado do sinal transmitido.

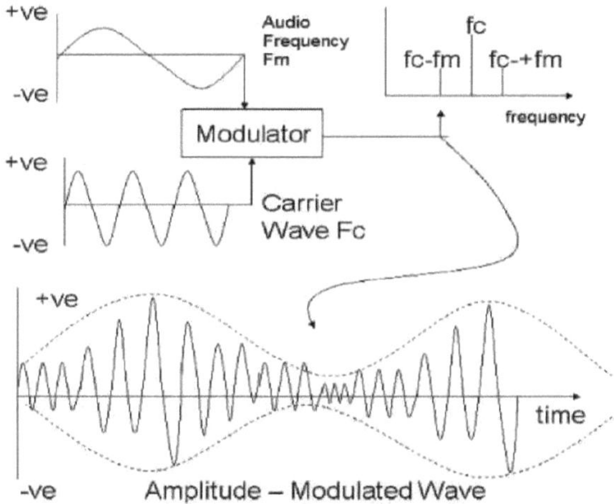

Figura 5: Modulação de Amplitude

Modulação de Frequência (FM):

Uma técnica de modulação na qual a frequência do portador é variada de acordo com algumas características do sinal da banda de base.

Com a modulação de frequência, o sinal modulante e a portadora são combinados de tal forma que a frequência portadora ( ) varia acima e abaixo da sua frequência normal (em marcha lenta).

Ao longo deste processo, a amplitude do transportador não é afectada. A alteração da frequência portadora acima e abaixo da da condição não modulada é proporcional ao sinal e amplitude do sinal modulado. A amplitude da portadora permanece constante, como mostra a figura abaixo.

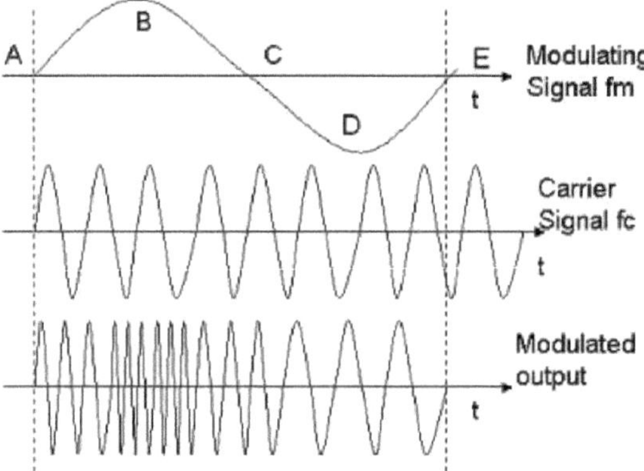

Figura 6: Modulação de Frequência

Modulação de fase (PM):

A modulação de fase é um tipo de modulação de frequência. Aqui, a quantidade da mudança de frequência portadora é proporcional tanto à amplitude como à frequência do sinal de modulação.

A fase do portador é alterada pela alteração da amplitude do sinal modulante, como mostra a figura abaixo.

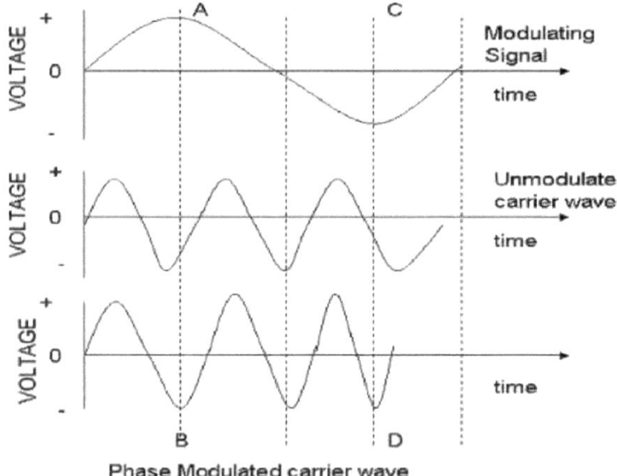

Figura 7: Modulação de fase

A onda portadora modulada está a atrasar a onda portadora quando a frequência modulada é positiva. Isto pode ser claramente visto se nos concentrarmos no pico de amplitude ao longo da linha AB (slide anterior). Quando a frequência de modulação é negativa, a onda portadora modulada está a conduzir a onda portadora. Isto pode ser visto claramente olhando para o pico de amplitude ao longo da linha CD.

Chave de Deslocamento de Amplitude (ASK):

Neste método, a amplitude do portador assume uma das duas amplitudes dependentes dos estados lógicos do fluxo de bits de entrada. Uma forma de onda de saída típica de um modulador ASK é mostrada na Fig.

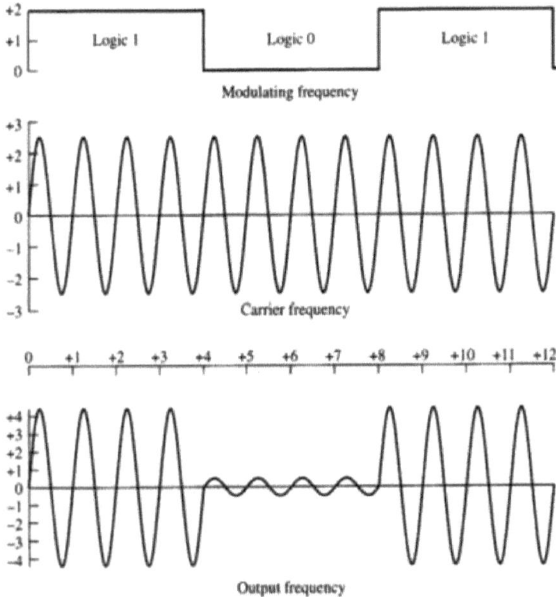

Figura 8: Chave de Desvio de Amplitude (ASK)

Teclado de Mudança de Frequência (FSK):

Esta técnica de modulação é o equivalente digital da FM linear onde apenas duas frequências diferentes são utilizadas. Um único bit pode ser representado por um único ciclo da portadora, mas se a taxa de dados não for crítica, então podem ser utilizados múltiplos ciclos. A desmodulação pode ser obtida através da detecção das saídas de um par de filtros centrados nas duas frequências de modulação.

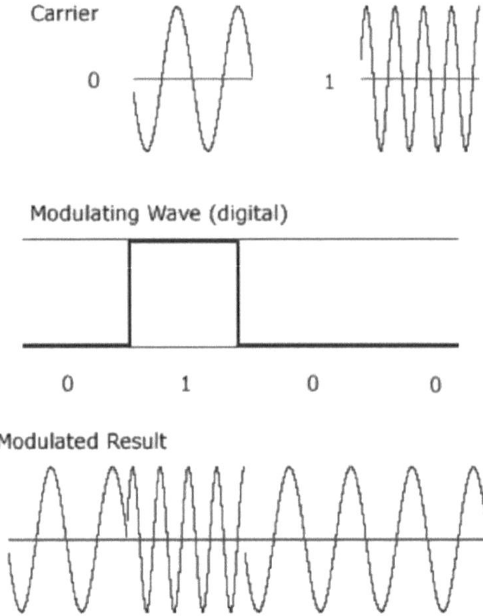

Figura 9: Chave de mudança de frequência (FSK)

Chave de Mudança de Fase (PSK):

Normalmente em codificação de fase binária, a portadora é comutada entre +/-180°, de acordo com uma sequência de banda de base digital. Esta técnica de modulação pode ser implementada muito facilmente utilizando um misturador equilibrado mostrado, ou com um modulador BPSK dedicado. A desmodulação é obtida multiplicando o sinal modulado por uma portadora coerente (uma portadora que é idêntica em frequência e fase à portadora que modulou originalmente o sinal BPSK).

Isto produz o sinal BPSK original mais um sinal a duas vezes o portador que pode ser filtrado.

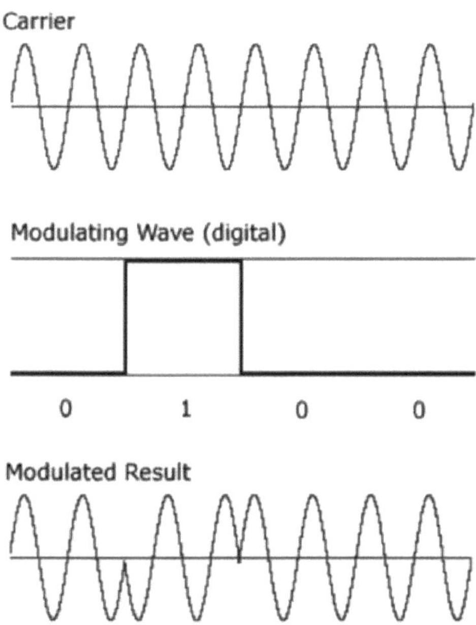

Figura 10: Chave de mudança de fase (PSK)

1.5 Limitações de um sistema de comunicação

O conceito de largura de banda aplica-se tanto ao sinal como aos sistemas como uma medida de velocidade. Agora todo o sistema eléctrico contém elementos de armazenamento de energia e a energia armazenada não pode ser alterada instantaneamente. Por conseguinte, cada sistema de comunicação tem uma largura de banda B finita que limita a taxa de variação do sinal. Uma largura de banda de canal insuficiente causa graves distorções.

Ruído:

Existem diferentes tipos de ruído que limitam o desempenho do sistema de comunicação.

E são:

Ruído Interno

Ruído Térmico

Ruído disparado

Ruído Externo

- Ruído atmosférico - devido a descargas atmosféricas (afecta os sinais abaixo dos 20 MHz)

- Ruído Galáctico - sol, radiação interestelar (afecta os sinais dentro de 15 MHz - 500 MHz)

- Ruído provocado pelo homem - motores, letreiros de néon, linhas eléctricas

1.6 Diferentes tipos de Multiplexing Scheme

Nas telecomunicações e redes informáticas, **a multiplexagem** (também conhecida como **muxing**) é um processo em que múltiplos sinais de mensagens analógicas ou fluxos de dados digitais são combinados num único sinal através de um meio partilhado. O objectivo é a partilha de um recurso dispendioso.

Multiplexagem por Divisão de Frequência **(FDM)**

Multiplexagem por Divisão de Tempo **(TDM)**

Multiplexagem por Divisão de Comprimento de Onda **(WDM)**

Multiplexagem por Divisão de Códigos **(CDM)**

1.7 Acessos múltiplos

Divisão de Frequência de Múltiplos Acessos **(FDMA)**

Divisão do Tempo de Acesso Múltiplo **(TDMA)**

Tempo/Frequência de Acesso Múltiplo **(TMA/FMA)**

Acesso Aleatório **(RA)**

Divisão de Código de Múltiplos Acessos **(CDMA)**

Frequência-Lop CDMA

CDMA de sequência-directa

Multi-Carrier CDMA **(FH ou DS)**

FDMA:

No FDMA, a largura de banda do espectro disponível é dividida em canais separados, sendo cada frequência de canal individual atribuída a uma estação remota activa diferente para transmissão. A fim de reduzir a interferência entre as bandas de canais adjacentes atribuídas aos utilizadores, as bandas de guarda são utilizadas para actuar como zonas tampão. As bandas de guarda são necessárias devido à impossibilidade de conseguir uma filtragem ideal para separar diferentes utilizadores.

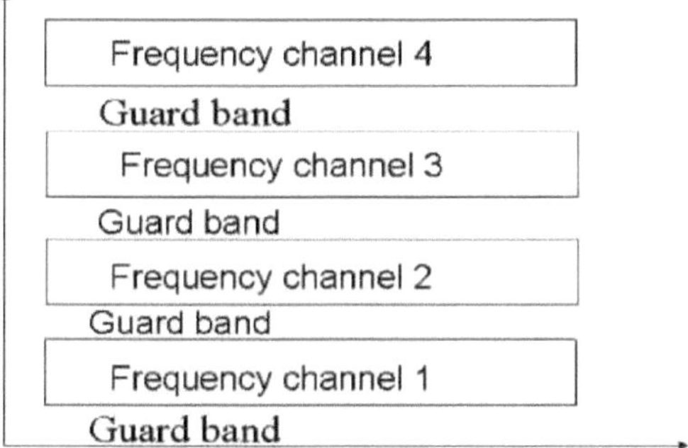

Figura 11: FDMA

TDMA:

Em TDMA a mesma frequência de canal de espectro é partilhada por todas as estações remotas activas, mas cada uma só é autorizada a transmitir em curtos períodos de tempo (slots), partilhando assim o canal entre todas as estações remotas, dividindo-o ao longo do tempo (daí a divisão do tempo). As zonas tampão sob a forma de tempos de guarda são inseridas entre as faixas de tempo atribuídas para reduzir a interferência entre os utilizadores, permitindo a incerteza temporal que surge devido a imperfeições do sistema.

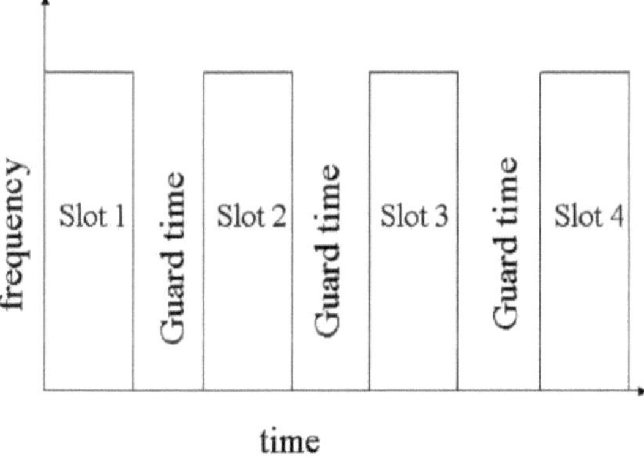

Figura 12: TDMA

CDMA:

Num sistema CDMA, todos os utilizadores ocupam a mesma frequência, e existem separados de cada um por meio de um código especial. A cada utilizador é atribuído um código aplicado como modulação secundária, que é utilizado para transformar o sinal do utilizador numa versão codificada de espectro alargado do fluxo de dados do utilizador. O receptor utiliza então o mesmo código de dispersão para transformar o sinal de dispersão de espectro de volta ao fluxo de dados do utilizador original.

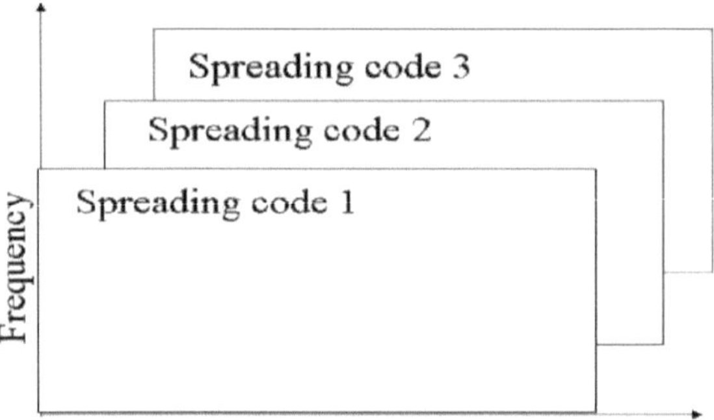

Figura 13: CDMA

1.8 Forma básica de um sistema de comunicação sem fios

A comunicação sem fios é a transferência de informação à distância sem a utilização de condutores ou fios eléctricos. As distâncias envolvidas podem ser curtas (alguns metros como no controlo remoto da televisão) ou longas (milhares ou milhões de quilómetros para comunicações via rádio). Quando o contexto é claro, o termo é frequentemente encurtado para "sem fios". A comunicação sem fios é geralmente considerada como um ramo das telecomunicações.

Abrange vários tipos de rádios bidireccionais fixos, móveis e portáteis, telefones celulares, assistentes pessoais digitais (PDAs), e redes sem fios. Existe um transmissor ou receptor de rádio que é capaz de ser movido, independentemente de se mover ou não. Devido à natureza estocástica do canal de rádio móvel, a sua caracterização obriga à utilização de medições práticas e análise estatística. O objectivo de uma tal evolução é quantificar dois factores de preocupação primária.

Força média do sinal, o que nos permite prever a potência mínima necessária para irradiar do transmissor de modo a fornecer uma qualidade aceitável de cobertura sobre uma área de serviço pré-determinada. Variabilidade do sinal, que caracteriza a natureza de desvanecimento do canal.

Consideremos com o rádio celular que tem a capacidade inerente de construir mobilidade na rede telefónica. Com tal capacidade, um utilizador pode mover-se livremente dentro de uma área de serviço e simultaneamente comunicar com qualquer assinante de telefone no mundo. Um modelo idealizado do sistema de rádio celular consiste num conjunto de células hexagonais com uma estação de base localizada no centro de cada chamada; uma célula típica tem um raio de 1-12 milhas. A função das estações de base é actuar como uma interface entre os assinantes móveis e o sistema de rádio celular. As estações rádio-base são elas próprias ligadas a um centro de comutação através de linhas de fios dedicadas.

O centro de comutação móvel tem dois papéis importantes. Primeiro, actua como interface entre o sistema de rádio celular e a rede telefónica pública comutada. Em segundo lugar, realiza a supervisão e controlo global das comunicações móveis. Executa esta última função monitorizando a relação sinal/ruído de uma chamada em curso, tal como medida na estação base em comunicação com o assinante móvel envolvido na chamada. Quando o SNR desce abaixo de um limiar prescrito, o que acontece quando o assinante móvel deixa a sua célula ou quando o canal de rádio desbota, é comutado para outra estação de base. Este processo de comutação, chamado handover ou hand off, é concebido para mover um assinante móvel de uma estação de base para outra durante uma chamada de forma transparente, ou seja, sem interrupção do serviço.

O conceito celular assenta em duas características essenciais.

Reutilização frequente: O termo reutilização de frequência refere-se à utilização de canais de rádio na mesma frequência portadora para cobrir áreas diferentes, que estão fisicamente separadas umas das outras o suficiente para assegurar que a interferência de co-canal não seja censurável. Assim, em vez de cobrir toda uma área local a partir de um único transmissor com alta potência numa evolução elevada, a reutilização de frequência torna possível alcançar dois objectivos comuns: reduzir ao mínimo a potência do transmissor de cada estação base, e posicionar as antenas da estação base apenas a uma altura suficiente para proporcionar a cobertura da área das respectivas células.

Separação de células: Quando a procura de serviço excede o número de canais atribuídos a uma célula em particular, a divisão celular é utilizada para lidar com o crescimento adicional do tráfego dentro dessa célula em particular. Especificamente, a divisão celular envolveu uma revisão dos limites da célula, de modo que a área local anteriormente considerada como uma única célula pode agora conter um número de células mais pequenas e utilizar os complementos de canal para estas novas células. As novas células, que têm um raio menor do que as células originais, são chamadas microcélulas. A potência do transmissor e a altura da antena das novas estações base são reduzidas de forma correspondente, e o mesmo conjunto de frequências é reduzido de acordo com um novo plano.

1.9 Limitações de um sistema de comunicação sem fios

Um dos principais problemas que o apresentam é o espectro já limitado disponível para as comunicações. O espectro livre restante tem de ser utilizado ao seu potencial máximo, a tecnologia de espectro alargado apresentando-se como um meio adequado para aumentar o desempenho. A divisão do ambiente num número de pequenas células também aumenta a largura de banda global acessível do sistema de comunicações, mas também aumenta o custo à medida que são necessários mais sítios de células. Técnicas como a combinação da diversidade também podem ser utilizadas para aumentar a largura de banda disponível através da melhoria das capacidades de recepção.

As comunicações sem fios não são tão fiáveis como as comunicações com fios. Também é considerada mais lenta do que a comunicação com fios. Por vezes é muito difícil de configurar com segurança. Outra coisa importante é que tem um alcance que depende do protocolo. Uma comunicação sem fios terrestre é menos segura e não é fiável para ligações de longa distância, devido à escassez de espaço no espectro. O espectro desempenha um papel vital na comunicação. Apenas espectros limitados estão disponíveis para a transformação sem fios. Por vezes ocorre a colisão, mas a transferência demora muito tempo.

A cifragem e a decifragem são os dois factores mais importantes da comunicação sem fios, mas na maioria das vezes cria um grande problema para os utilizadores. Por vezes, os utilizadores não conseguem abrir alguns dos dados transferidos utilizando o método de encriptação. Precisam de algum código secreto para abrir. Isto cria um grande problema. Para ultrapassar todo o problema pode ser necessário utilizar a comunicação via satélite, mas o factor custo é muito elevado. Pode ser útil para comunicações de longa distância, mas é mais caro para uso puramente local. Outra desvantagem importante da comunicação sem fios é a intercepção de sinais de comunicação simultânea. É por isso que a maioria deles prefere uma em vez de uma transformação, mas a transferência leva muito tempo.

A natureza irrestrita do meio de comunicação da rádio exige que a questão da segurança da rede seja abordada. A verificação das entidades de comunicação deve também ser efectuada para assegurar que apenas os dispositivos registados podem comunicar utilizando a rede, e que apenas os dispositivos registados podem receber os dados. Pode ser necessária alguma forma de encriptação das comunicações para evitar a intercepção de dados transmitidos através da rede por dispositivos que não participem nas comunicações.

Para além de considerações de segurança de dispositivos externos de acesso à rede, podem ser gerados sinais interferentes por outros dispositivos no ambiente de escritório, por exemplo impressoras e outros dispositivos electromecânicos. Estes dispositivos podem perturbar temporariamente uma ligação de comunicação através do ruído que geram.

1.10 Desvanecimento

A presença de reflectores no ambiente que rodeia um emissor e um receptor criam múltiplos caminhos que um sinal transmitido pode atravessar. Como resultado, o receptor vê a sobreposição de múltiplas cópias do sinal transmitido, cada uma percorrendo um caminho diferente. Cada cópia de sinal irá experimentar diferenças na atenuação, atraso e mudança de fase enquanto se desloca da fonte para o receptor. Isto pode resultar em interferências construtivas ou destrutivas, amplificando ou atenuando a potência do sinal visto no receptor. A forte interferência destrutiva é frequentemente referida como um "**desvanecimento profundo**" e pode resultar em falha temporária de comunicação devido a uma grave queda na relação sinal/ruído do canal.

Nas comunicações sem fios, o desvanecimento é o desvio ou a atenuação que um sinal de telecomunicação modulado por uma portadora experimenta sobre certos meios de propagação. O desvanecimento pode variar com o tempo, a posição geográfica e/ou a frequência de rádio, e é frequentemente modelado como um processo aleatório. Um canal de desvanecimento é um canal de comunicação que experimenta o desvanecimento. Nos sistemas sem fios, o desvanecimento pode ser devido à propagação multicaminhos, referido como desvanecimento induzido por multicaminhos, ou devido ao sombreamento de obstáculos que afectam a propagação de ondas, por vezes referido como desvanecimento de sombras.

Os termos lento e rápido **desvanecimento** referem-se ao ritmo a que a magnitude e a mudança de fase imposta pelo canal ao sinal muda. O tempo de coerência é uma medida do tempo mínimo necessário para que a mudança de magnitude do canal se torne não correlacionada com o seu valor anterior.

O desvanecimento lento surge quando o tempo de coerência do canal é grande em relação à restrição de atraso do canal. Neste regime, a amplitude e a mudança de fase impostas pelo canal podem ser consideradas aproximadamente constantes ao longo do período de utilização. O desvanecimento lento pode ser causado por eventos como o sombreamento, em que uma grande obstrução, como uma colina ou um grande edifício, obscurece o caminho principal do sinal entre o transmissor e o receptor. A mudança de amplitude causada pelo sombreamento é frequentemente modelada utilizando uma distribuição log-normal com um desvio padrão de acordo com o modelo de perda de trajecto log-distância.

O desvanecimento rápido ocorre quando o tempo de coerência do canal é pequeno em relação à restrição de atraso do canal. Neste regime, a amplitude e mudança de fase imposta pelo canal varia consideravelmente ao longo do período de utilização.

Rayleigh Fading é um modelo estatístico para o efeito de um ambiente de propagação sobre um sinal de rádio, tal como o utilizado por dispositivos sem fios.

Os modelos Rayleigh fading assumem que a magnitude de um sinal que passou por tal meio de transmissão (também chamado canal de comunicação) irá variar aleatoriamente, ou desvanecer-se, de acordo com uma distribuição Rayleigh - a componente radial da soma de duas variáveis aleatórias Gaussianas não correlacionadas.

O desvanecimento do Rayleigh é visto como um modelo razoável para a propagação de sinais troposféricos e ionosféricos, bem como o efeito de ambientes urbanos fortemente construídos sobre os sinais de rádio. O desvanecimento do Rayleigh é mais aplicável quando não há propagação dominante ao longo de uma linha de visão entre o transmissor e o receptor. Se houver uma linha de visão dominante, o desvanecimento do Rician pode ser mais aplicável.

Rician Fading é um modelo estocástico para anomalia de propagação de rádio causada pelo cancelamento parcial de um sinal de rádio por si só - o sinal chega ao receptor por dois caminhos diferentes (exibindo assim uma interferência multi-caminhos), e pelo menos um dos caminhos está a mudar (alongamento ou encurtamento). O desvanecimento do sinal de rádio ocorre quando um dos caminhos, tipicamente uma linha de sinal de visão, é muito mais forte do que os outros. No desvanecimento de Rician, o ganho de amplitude é caracterizado por uma distribuição Rician.

Rayleigh fading é o modelo especializado para o fading estocástico quando não há sinal de linha de visão, e é por vezes considerado como um caso especial do conceito mais generalizado de fading Rician. No desvanecimento de Rayleigh, o ganho de amplitude é caracterizado por uma distribuição de Rayleigh.

Como a frequência portadora de um sinal é variada, a magnitude da mudança de amplitude irá variar. A largura de banda de coerência mede a separação em frequência, após a qual dois sinais sofrerão um desvanecimento não correlacionado.

No **desvanecimento plano**, a largura de banda de coerência do canal é maior do que a largura de banda do sinal. Portanto, todos os componentes de frequência do sinal experimentarão a mesma magnitude de desvanecimento.

No **desvanecimento da frequência**, a largura de banda de coerência do canal é menor do que a largura de banda do sinal. As diferentes componentes de frequência do sinal sofrem, por isso, um desvanecimento relacionado com o desvanecimento da coerência.

1.11 Doppler Spread

Doppler spread e Coherence Time têm em conta o movimento relativo entre a estação móvel e a estação base, ou por movimentos de objectos no canal. Descrevem a natureza variável do tempo do canal numa região de pequena escala.

Quando um sinal de frequência f_c é transmitido, o espectro do sinal recebido, chamado espectro Doppler, terá componentes f_c - f_d a f_c + f_d , onde f_d é o desvio Doppler. Esta é a diferença de frequências entre diferentes trajectórias de canais. Reduz a energia útil em cada subportadora e introduz a Interferência Interportadora ICI [3]. No entanto, a variação temporal do canal introduz a selectividade temporal durante a transmissão. Oferece um maior grau de diversidade que pode ser explorado pelo descodificador de canais para melhorar o desempenho do sistema. Na literatura, o efeito foi introduzido para os sistemas OFDM e MC-CDMA. Contudo, assume um número infinito de subportadores para derivar uma expressão analítica da taxa de erro de bit local deduzida de uma expressão SINR de Sinal Médio Local para Interferência e Rácio de Ruído. O SINR instantâneo não é contabilizado.

1.12 Interferência

Interferência é a adição (sobreposição) de duas ou mais ondas que resultam num novo padrão de ondas. A interferência refere-se geralmente à interacção de ondas que estão correlacionadas ou coerentes entre si, ou porque provêm da mesma fonte ou porque têm a mesma frequência ou quase a mesma frequência.

Duas ondas não-monocromáticas só são totalmente coerentes uma com a outra se ambas tiverem exactamente o mesmo intervalo de comprimentos de onda e as mesmas diferenças de fase em cada um dos comprimentos de onda constituintes.

A diferença de fase total deriva da soma da diferença do caminho e da diferença de fase inicial (se as ondas forem geradas a partir de duas ou mais fontes diferentes). Pode-se então concluir se as ondas que atingem um ponto estão em fase (interferência construtiva) ou fora de fase (interferência destrutiva).

Para duas fontes coerentes, a separação espacial entre as fontes é metade do comprimento de onda vezes o número de linhas nodais.

A luz de qualquer fonte pode ser utilizada para obter padrões de interferência, por exemplo, os anéis de Newton podem ser produzidos com luz solar. Contudo, em geral a luz branca é menos adequada para produzir padrões claros de interferência, uma vez que é uma mistura de um espectro completo de cores, cada uma com espaçamento diferente das franjas de interferência. A luz de sódio é próxima da monocromática, sendo assim mais adequada para a produção de padrões de interferência. A mais adequada é a luz laser, porque é quase perfeitamente monocromática.

Interferência construtiva e destrutiva:

Considere duas ondas que estão em fase, com amplitudes A_1 e A_2. Os seus canais e picos alinham e a onda resultante terá amplitude $A = A_1 + A_2$. Isto é conhecido como interferência construtiva.

Se as duas ondas estiverem π radiantes, ou 180°, fora de fase, então as cristas de uma onda irão coincidir com as de outra onda e assim tenderão a cancelar. A amplitude resultante é $A = |A_1 - A_2|$. Se $A_1 = A_2$, a amplitude resultante será zero. Isto é conhecido como interferência destrutiva.

Quando duas ondas sinusoidais se sobrepõem, a forma de onda resultante depende da amplitude de frequência (ou comprimento de onda) e fase relativa das duas ondas. Se as duas ondas tiverem a mesma amplitude A e comprimento de onda, a forma de onda resultante terá amplitude entre 0 e 2A, dependendo se as duas ondas estão em fase ou fora de fase.

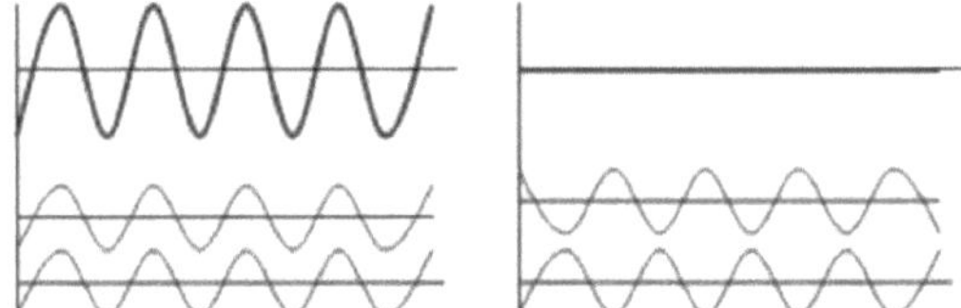

Figura 14: Interferência Construtiva e Destrutiva

Para duas ondas da mesma frequência com intensidade I1 e I2 então para interferência construtiva haverá sobreposição de tal forma que a intensidade resultante não é igual à soma das intensidades individuais das duas ondas; do mesmo modo, na interferência destrutiva a intensidade resultante não é igual à diferença das intensidades individuais das duas ondas.

1.13 Interferência do portador e ISI

Nas telecomunicações, a interferência entre símbolos (ISI) é uma forma de distorção de um sinal em que um símbolo interfere com os símbolos subsequentes. Este é um fenómeno indesejável, uma vez que os símbolos anteriores têm um efeito semelhante ao do ruído, tornando assim a comunicação menos fiável. A ISI é normalmente causada pela propagação multi-caminhos ou pela inerente resposta de frequência não linear de um canal, fazendo com que os sucessivos símbolos se "esborratassem" em conjunto. A presença do ISI no sistema introduz erros no dispositivo de decisão na saída do receptor. Portanto, na concepção dos filtros de transmissão e recepção, o objectivo é minimizar os efeitos do ISI, e assim entregar os dados digitais ao seu destino com a menor taxa de erro possível. As formas de combater a interferência entre símbolos incluem a equalização adaptativa e códigos de correcção de erros.

Causas: (a) Propagação Multi-Percursos e (b) Canais de Banda-Limitada

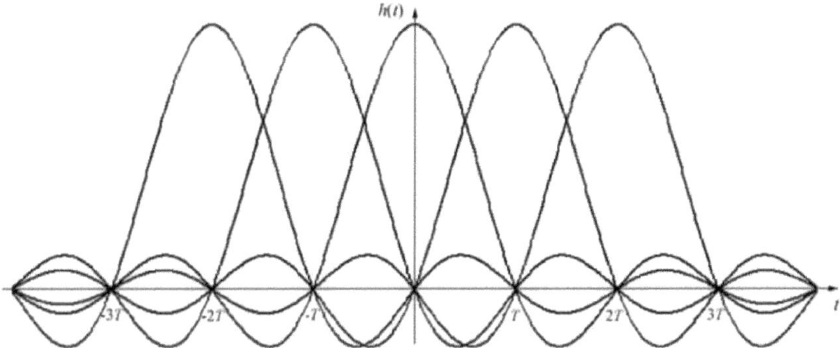

Figura 15: Demonstração de Zero ISI

Contra-atacar o ISI:

Existem várias técnicas em telecomunicações e armazenamento de dados que tentam contornar o problema da interferência entre símbolos.

❖ Conceber sistemas tais que a resposta ao impulso seja suficientemente curta para que muito pouca energia de um símbolo se difunda para o símbolo seguinte.

❖ Aceitar o facto de que a resposta global ao impulso oscila para cima e para baixo durante várias vezes simbólica. Conceber o sistema de modo a que no ponto exacto em que o receptor recolhe amostras do símbolo actual, a resposta de impulso de todos os símbolos anteriores esteja exactamente a cruzar zero nesse ponto -- por outras palavras, utilizar um filtro que satisfaça o critério Nyquist ISI, de modo a ter a propriedade de ISI zero nos pontos de amostra. Ver o critério Nyquist ISI para detalhes.

❖ Deliberadamente espalhar a resposta de impulso de um único símbolo de modo a que não seja zero em várias amostragens. Embora seja impossível distinguir entre um bit "1" e um bit "0" se o receptor olhar apenas para uma amostra, o receptor pode recolher uma série de amostras e descobrir qual a sequência binária, quando espalhada pela resposta de impulso (bem caracterizada), corresponde mais de perto à série de amostras observada (PRML de máxima probabilidade de resposta parcial). Com um código convolutivo apropriado (modulação em árvore) no transmissor e o algoritmo de Viterbi no receptor, isto pode corrigir o ruído de impulso que destrói qualquer amostra, porque o efeito de um bit será evidente em várias amostras.

❖ Na introdução do teclado Gaussiano de turnos mínimos, o ISI é introduzido antes do envio usando um filtro Gaussiano: desta forma é possível recuperar símbolos perdidos usando os símbolos circundantes pelo algoritmo de Viterbi.

❖ Outras técnicas concebem símbolos que são mais robustos contra a interferência entre símbolos. Diminuir a taxa de símbolos (a "taxa de bauds"), e manter constante a taxa de bits de dados (através da codificação de mais bits por símbolo), reduz a interferência entre símbolos.

❖ Outras técnicas tentam compensar as interferências entre símbolos. Por exemplo, os fabricantes de discos rígidos descobriram que podiam embalar muito mais dados num prato de disco quando mudavam de Modified Frequency Modulation MFM para Partial Response Maximum Likelihood (PRML). Ainda que seja impossível distinguir entre um bit "1" e um bit "0" se apenas se olhar para o sinal durante esse bit, ainda assim é possível distingui-los ao olhar para um conjunto de bits de uma só vez e descobrir qual a sequência binária, quando manchado pelo

(bem caracterizadas num determinado disco rígido) interferências entre símbolos, correspondendo mais de perto ao sinal observado. A modulação em treliça é uma técnica intimamente relacionada.

❖ A equalização é também frequentemente utilizada para reduzir o impacto da interferência entre símbolos. Ver, por exemplo, a Task Force 10GBASE-LRM do IEEE 802.3, onde a equalização está a ser utilizada para estender a distância de 10 Gigabit Ethernet em 50 иm fibra óptica multi-modo.

1.14 Limitações de um sistema CDMA sem fios

Aqui estão algumas comparações tecnológicas entre FDMA/TDMA e a resistência ao desvanecimento do CDMA. Como os sistemas CDMA utilizam uma maior largura de banda em comparação com os sistemas que utilizam FDMA, os sistemas são menos vulneráveis ao desvanecimento selectivo de frequência. Por outro lado, o efeito de quase extinção significa que é necessário um controlo rápido da potência nos sistemas CDMA para assegurar que a interferência não seja demasiado flexível. Um sistema FDMA/TDMA é limitado pela sua escolha de largura de banda de canal e estrutura de ranhura temporal, que normalmente não pode ser alterada após a padronização. Num sistema CDMA, por outro lado, a partilha da fonte é realizada através do controlo da quantidade de potência transmitida para cada utilizador, que pode ser alterada em tempo real. Sistemas de planeamento de frequências baseados em FDMA requerem planeamento de frequências, o que é difícil e demorado. Isto não é necessário com os sistemas CDMA. As estações móveis baseadas em TDMA transmitem em impulsos curtos, causando fortes picos de potência e interferindo potencialmente com outros dispositivos. As estações móveis baseadas em CDMA, por outro lado, transmitem continuamente, e apenas mudam os passos de potência de acordo com as diferentes condições de rádio e taxas de bits dos desejos. A complexidade na elevada largura de banda e taxas de chip do CDMA torna os transmissores e receptores mais complexos de conceber e fabricar em comparação com os dispositivos baseados em FDMA e TDMA.

1.15 Objectivo do trabalho de investigação

1.15.1 Objectivos

Esta investigação tem por objectivo descrever os antecedentes e fundamentos da tecnologia DS-CDMA. Envolve também a investigação e implementação da difusão, modulação e codificação em sistemas sem fios CDMA com e sem desvanecimento. O canal AWGN é utilizado para simular o canal. A simulação avaliará as opções de concepção que o desenhador tem de ter em consideração na concepção do sistema de comunicação sem fios e como estas afectam a rede. Isto é conseguido através da investigação do desempenho BER do DS-CDMA.

1.15.2 Limitações e âmbito da investigação

Os sistemas de comunicação sem fios são mais propensos a interferências, pelo que é essencial um controlo perfeito da potência. Como o controlo de potência é um tópico muito vasto, assumiremos, portanto, que o controlo de potência perfeito foi conseguido na nossa concepção.

O desvanecimento do canal é um dos factores importantes que afectam o sinal de propagação, no entanto, nesta pesquisa apenas iremos modelar canais AWGN e Rayleigh fading devido à complexidade na modelação de canais fading.

O âmbito deste relatório é investigar e implementar a difusão, modulação e codificação na rede de comunicações sem fios DS-CDMA. Isto será modelado num canal AWGN utilizando o Matlab.

1.15.3 Procedimento utilizado para recolher informações

Pesquisas anteriores foram utilizadas para reunir os antecedentes do CDMA e outros métodos de acesso múltiplo. A Internet e os livros de texto da biblioteca foram utilizados para reunir toda a informação bibliográfica necessária. Para a construção do sistema, foram utilizados o Matlab e ficheiros de ajuda. Os resultados foram obtidos a partir da simulação.

1.15.4 Plano de Desenvolvimento

A investigação está dividida em 4 capítulos. O capítulo 1 introduz o conteúdo do relatório, elaborando a base do sistema de comunicação sem fios, antecedentes da investigação, objectivos, limitações e âmbito da investigação. Os procedimentos utilizados para recolher informações são também incluídos, bem como o plano de desenvolvimento. O capítulo 2 mostra a metodologia básica do sistema DS-CDMA, que será utilizada para investigar o desempenho do sistema. Mostra também em que parâmetros nos concentraremos para investigar e implementar o desempenho do sistema. Este capítulo revê a literatura de modo a estabelecer a teoria de fundo. Os resultados esperados do sistema são discutidos no capítulo 3. É aqui que apresentamos a implementação do nosso programa de simulação e o desempenho real do sistema é analisado visualizando os resultados da simulação. Finalmente, o capítulo 4 faz observações finais e recomendações sobre a implementação do sistema.

Capítulo Dois : Análise de desempenho de um sistema sem fios DS-CDMA

2.1 Noções básicas do CDMA

O aumento gradual da procura nos utilizadores de telemóveis tem dado atenção à investigação sobre como maximizar a capacidade dos canais. Tem sido investigado que os esquemas de acesso múltiplo atingem este objectivo ao permitir vários utilizadores no mesmo canal e ao mesmo tempo. O CDMA é uma técnica de acesso múltiplo de espectro alargado que tem recebido recentemente um interesse considerável em várias aplicações, incluindo as comunicações móveis celulares.

A multiplexagem permite a um grande número de utilizadores partilhar o acesso a um único canal de comunicação, atribuindo uma faixa de frequência, uma faixa horária ou um código especial. O CDMA é uma técnica de espectro alargado que codifica os dados com um código especial para cada canal. Temos visto uma grande utilização deste esquema de acesso múltiplo na aplicação de sistemas celulares. Oferece melhores vantagens do que outras técnicas de espectro alargado que são TDMA e FDMA, como foi dito anteriormente. Em CDMA, todos os utilizadores podem transmitir ao mesmo tempo. O CDMA demonstrou fornecer até seis vezes a capacidade das redes baseadas em TDMA ou FDMA.

No entanto, o CDMA é limitado, pelo que a codificação da correcção de erros é muito importante para os sistemas. Em particular, o canal sem fios é mais propenso a interferências, o que dá origem ao problema quase extremo. Este efeito está presente quando um transmissor interferente está muito mais próximo do receptor do que o transmissor pretendido. O resultado é que a detecção adequada dos dados não é possível, pelo que é necessário o controlo de potência. O controlo de potência no DS-CDMA ajuda a reduzir a interferência excessiva em todo o sistema. A outra desvantagem do CDMA é que a largura de banda de um sinal portador de informação após a difusão é muito maior. Contudo, olhando para as suas vantagens, ainda é considerado o melhor em comparação com o FDMA e o TDMA.

DS-CDMA utiliza ruído pseudorandom (PN) para espalhar normalmente sinais de informação de banda estreita sobre uma banda larga de frequência. A cada utilizador é atribuído um código distinto de forma de onda c(t) que é depois multiplicado com os dados do utilizador e transmitido simultaneamente.

O código de espalhamento ou sequência de chip c(t) é composto por uma sequência de +1 e -1. Isto requer uma largura de banda consideravelmente maior do que o conteúdo da frequência da informação original. Os códigos de dispersão são utilizados para dispersão do espectro, e para permitir o acesso múltiplo ao canal. A figura abaixo mostra uma sequência simples de dispersão. Estes códigos têm de ser ortogonais para evitar interferências entre canais, mas isto não é fácil de conseguir na vida real. São também utilizados para melhorar a privacidade dos comunicadores, dando o sinal apenas ao receptor autorizado.

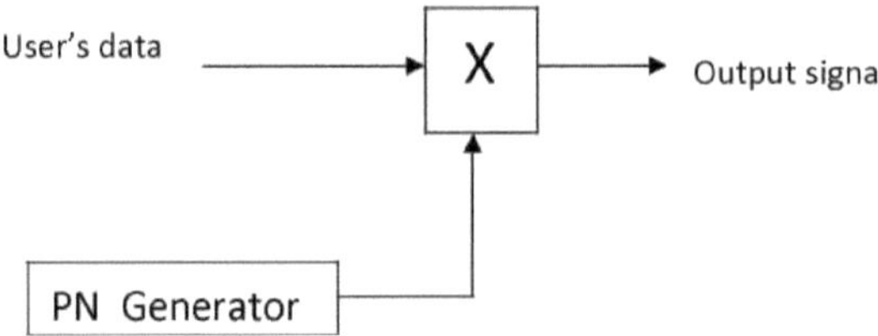

Figura 16: Técnica de Espalhamento Simples de Sequência Directa.

A sequência de espalhamento é ilustrada na figura abaixo com o período do chip de 4.

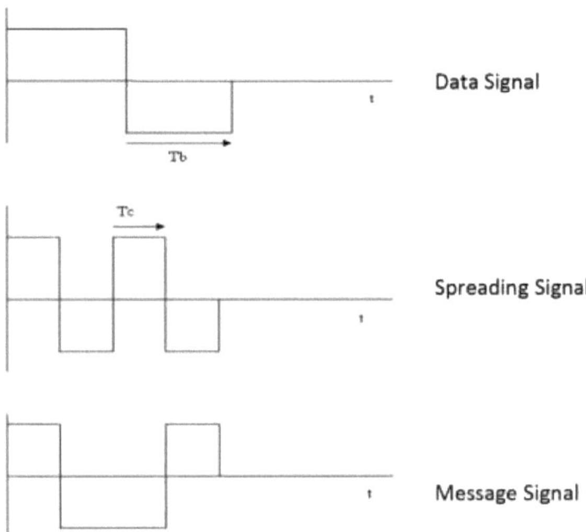

Figura 17: Sequência de espalhamento com o período Chip de 4.

O maior contribuinte para a degradação da Taxa de Sinal a Ruído e Interferência (SNIR) é a interferência multi-utilizador que é causada por utilizadores no canal que interferem uns com os outros. A Interferência de Acesso Múltiplo (MAI) limita a capacidade dos sistemas DS-CDMA.

Esta interferência é devida a intervalos de tempo entre os sinais. Isto acontece porque cada utilizador tem diferentes atrasos de tempo e fase após a sua transmissão, pelo que os erros de bits dependem. Para minimizar a interferência multi-utilizador, cada transmissão deve ser quase ortogonal entre si. Numa situação ideal, todos os sinais seriam completamente ortogonais, mas isto é difícil de conseguir em sistemas práticos de comunicação sem fios.

2.2 Propriedades do DS-CDMA

Com base na análise do sistema DS-CDMA, podemos resumir algumas propriedades do DS- CDMA como se segue:

Reutilização Universal de Frequência: Como o CDMA consegue a ortogonalidade entre os sinais transmitidos pelos utilizadores móveis utilizando as sequências ortogonais, ou aproximadamente ortogonais, PN - na propagação dos sinais, a largura de banda de frequência total atribuída ao sistema pode ser reutilizada de célula para célula. Como resultado, atingimos o tamanho mínimo do cluster de células *(N=1)* e a reutilização máxima de frequência. Isto reduz significativamente a complexidade do planeamento de frequências na concepção do sistema celular.

Transferência suave: Devido à reutilização universal de frequências, um utilizador móvel pode comunicar simultaneamente com várias estações base próximas utilizando a mesma banda de frequências e o mesmo sinal de propagação em cada ligação. Quando o utilizador móvel está no limite da célula, pode estabelecer uma ligação com a nova estação base antes de terminar a ligação com a estação base antiga. Isto irá melhorar o desempenho da transferência.

Alta Precisão de Transmissão - Com espectro alargado, podemos utilizar os receptores Rake para mitigar o desvanecimento das deficiências dispersivas dos canais e, portanto, melhorar a precisão de transmissão, especialmente durante a transferência suave.

Capacidade suave - As sequências PN não são verdadeiramente ortogonais, MAI irá degradar o desempenho do RIC de transmissão. O número máximo de utilizadores que podem ser suportados em cada célula depende da qualidade de serviço requerida (QoS) e é limitado pelo MAI. A ser discutido na subsecção 6.4.3. Como resultado, ao contrário do TDMA e do FDMA, não existe um limite rígido para o número de utilizadores em cada célula. Durante as horas de maior tráfego, se o carro dos utilizadores tolerar uma QoS mais baixa até um certo grau, o sistema pode acomodar mais utilizadores para satisfazer as elevadas exigências de serviço nesse período.

Flexibilidade - como o CDMA é uma interferência limitada, se um utilizador não transmite, não transmite qualquer interferência com outros utilizadores activos e, portanto, não utiliza os recursos do sistema. Esta característica traduz-se no aumento da utilização dos recursos; com CDMA é mais fácil implementar a multiplexação estatística. Além disso, o CDMA tem mais flexibilidade do que o TDMA no apoio a serviços multimédia (com várias taxas de tráfego variáveis no tempo).

2.3 Espectro de Espectro de Espectro de Espectro de Sequência Directa (DSSS)

Considere uma célula de rádio com uma população de utilizadores K. A cada um dos utilizadores móveis é atribuída uma sequência de difusão única. Cada símbolo na sequência PN é chamado de chip. A figura abaixo mostra o diagrama de blocos funcionais do transmissor e receptor para o k-ésimo utilizador, k=1, 2, ... K. Para simplificar, estamos a considerar formas de onda de propagação binária com valor real. A informação que transporta o sinal da banda de base d_k (t) é

Onde, $s_{k,i} \in \{-1,+1\}$ é o i-ésimo bit de informação binária, Tb é o intervalo de bits de informação, e n(t/Tb) é o pulso rectangular

O sinal de propagação do k-ésimo utilizador é um_k (t) e pode ser representado como

$$a_k(t) = \Sigma a_{k,l}\, P_{Tc}(t - lTc)$$

onde $a_{k,l} \in \{-1,+1\}$ ^{i} é o l-ésimo chip da sequência binária PN atribuída ao utilizador k, P_{Tc} (t) é a forma de onda de pulso do chip dependendo da forma de pulso da banda de base e T_c é o intervalo do chip, correspondente a uma taxa de chip de $1/T_c$. O processo de propagação é modular um_k (t) em d_k (t), o que dá ao sinal de propagação um_k (t)d_k (t). A função de espalhamento a_k (t) é muitas vezes a mudança de fase introduzida no sinal de banda de base d_k (t). O sinal de propagação a_k (t)d_k (t) é então modulado com frequência portadora f_c ($>>1/T_c$) resultando no sinal de passagem de banda x_k (t) com amplitude A_c e intervalo de bits T_b .

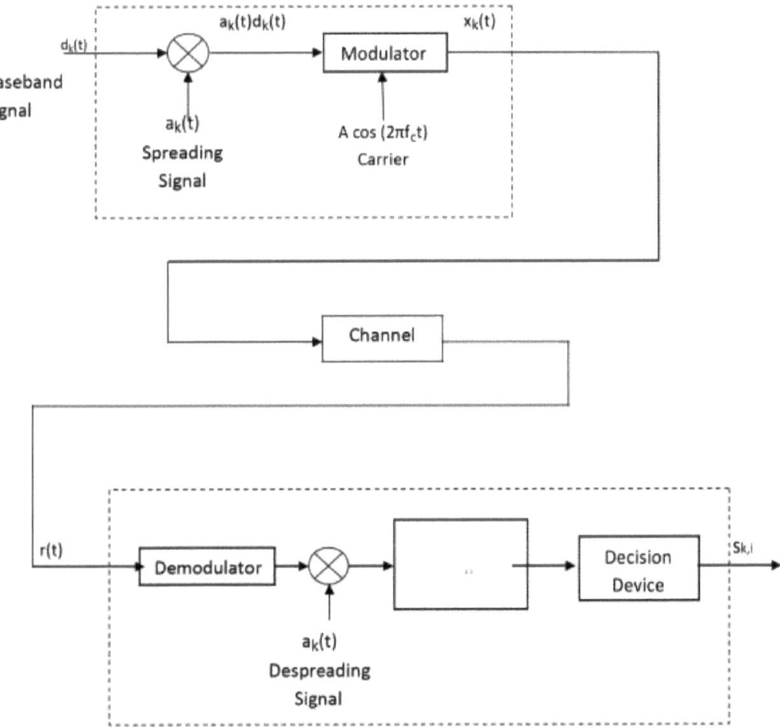

Figura 18: Diagrama de Bloco Funcional do Transmissor e Receptor k Utilizador num Sistema DS-CDMA.

Normalmente, $T_b = LT_c$, onde L é um número inteiro. O princípio da propagação do sinal é que L>>1. Uma vez que o sinal de propagação tem uma taxa de chip muito maior do que a taxa de símbolo de informação transmitida, a

A largura de banda do sinal de propagação é muito maior do que a largura de banda do sinal de informação da banda de base; por conseguinte, o nome spread pass-band modulation com uma desmodulação coerente. Se a sequência PN for periódica, com o período L, então o sinal transmitido é

Normalmente, os bits de informação e os chips de sequência PN são completamente independentes. O psd do sinal transmitido é

$$\Phi_1(f) = \frac{Ec}{\cdot} \{\text{sinc}^2[(f - f_c)T_c] + \text{sinc}^2[(f + f_c)T_c]\}$$

$[x_k(t)]^2 dt = - A_c{}^2 T_c$ é a energia do chip. Para comparação, sem espectro alargado, o sinal transmitido seria $A_c\,dk(t)\cos(2nf_c\,t)$ e o psd correspondente seria

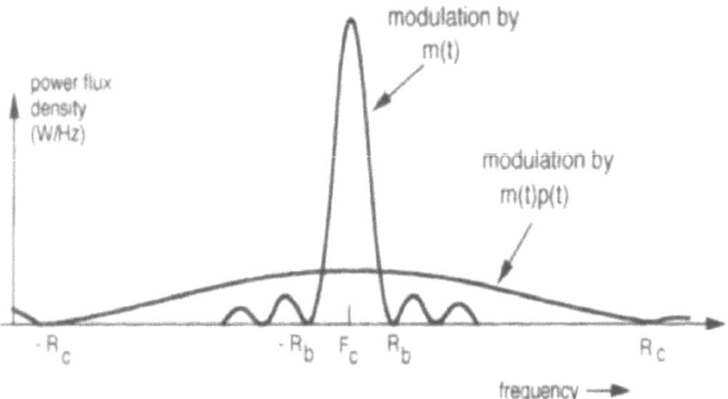

Figura 19: Densidade espectral de potência sem e com dispersão.

A saída que emerge do canal, que é também a entrada para o receptor, é uma sobreposição dos sinais de propagação de todos os utilizadores na mesma célula de rádio, mais o ruído de fundo e a interferência das células vizinhas. Deixe r(t) denotar o sinal recebido. Na hipótese de todos os utilizadores K na célula estarem sincronizados no tempo e terem a mesma potência de sinal recebido $A_c{}^2/2$, r(t) é dado por

$$x_k(t) + I(t) + w(t)$$

Onde I(t) representa interferência entre células e w(t) representa ruído de fundo branco gaussiano com média zero e psd $N_0/2$ de duas faces. Tanto a interferência intra-células como a interferência inter-células são devidas a acessos múltiplos e, portanto, são chamadas de interferência de acesso múltiplo (MAI). Se o sinal desejado for o sinal transmitido pelo utilizador 1 e os sinais transmitidos por todos os outros utilizadores forem interferência, então, para efeitos de detecção do sinal do utilizador 1 no receptor, este pode ser expresso como

$$A_c\,a_k(t)d_k(t)\cos(2\pi f_c t) + I(t) + w(t)$$

O primeiro bloco no receptor é o desmodulador, que traduz o sinal recebido centrado na frequência fc para a banda de base centrada na frequência zero. Isto é feito por um correlacionador ou por um filtro combinado em demodulação coerente. A saída do desmodulador é no fim do lth intervalo do chip.

Em cada intervalo de chip $uma_k(t)d_k(t)$ (k=1,2, ,K) é uma constante. A saída de desmodulação em função do tempo, y(t), pode ser escrita como

$$y(t) = - a_1(t)d_1(t) + \sum \quad - a_k(t)d_k(t) + n(t)$$

deve-se à interferência inter-células e ao ruído de fundo aditivo. Em geral, o integral pode ser aproximado por uma variável aleatória gaussiana zero-mean e é independente de chip para chip. Como resultado, n(t) é ruído gaussiano de banda de base com largura de banda aproximadamente igual a $1/T_c$. Para extrair o sinal transmitido pelo utilizador 1 da saída do desmodulador é o receptor .a_1 (t) deve ser utilizado como o sinal de desdobramento. A desprendizagem é conseguida através da multiplicação da saída do desmodulador, y(t),com um_1 (t) e depois integrando o produto em cada intervalo de símbolos. Desde um_1^2 (t)=1 em qualquer t, temos,

$$a_1(t)y(t) = - d_1(t) + \sum a_1(t)a_k(t)d_k(t) + a_1(t)n(t)$$

Onde, o primeiro termo representa a componente de sinal desejada e é uma constante em cada intervalo de símbolos. Observa-se claramente que o processo de desprendimento recupera de facto o sinal original da banda de base d_i (t) do sinal de dispersão d_i (t)a_i (t) pode ser visto como um novo sinal de dispersão com a mesma taxa de chip. Com uma taxa de chip muito elevada, a potência da interferência é distribuída aproximadamente uniformemente pela banda de frequência $[0,i/T_c]$. Para o termo interferência inter-células mais ruído, uma vez que (a)$a_{i,l}$ assume os valores de -i e +i com a mesma probabilidade ,(b) n(t) em cada intervalo de chip é uma variável aleatória de zero -mean Gaussian e (c) a_i (t) e n(t)é o mesmo que o de n(t).portanto a potência da interferência inter-células e do ruído é distribuída aproximadamente uniformemente sobre a banda de frequência $[0,i/T_c]$.

Para suprimir a interferência e o ruído, o passo seguinte no receptor é integrar o sinal de desalojamento em cada intervalo de símbolo de informação sobre o qual o componente de sinal desejado é uma constante. A saída do integrador está no final do i-ésimo símbolo.

é a correlação cruzada entre os sinais de propagação a_1 (t) e a_k (t) sobre o intervalo do símbolo. Se todos os sinais de espalhamento a_k (t),k=1,2, K são ortogonais no intervalo do símbolo, então não há

interferência inter-células no sinal de banda de base recuperado. O efeito da interferência inter-células e do ruído de fundo sobre o sinal, a detecção é dada pelo último termo n_i

No domínio da frequência, o integrador é um filtro passa-banda baixo com largura de banda aproximadamente igual a $1/T_b$. O LPF permite que o componente de sinal desejado $A_c /2d_1$ (t)passe sem distorção e reduz grandemente a interferência e a potência sonora. O processo de desdobramento melhora significativamente a relação sinal-interferência mais ruído (SNR).

O desempenho do sistema de espectro alargado é medido pelo ganho de processamento, G_p, é definido como a melhoria do SNR alcançada através da desdifusão. Ou seja,

2.3.1 Relação sinal/ruído (SNR)

Relação sinal-ruído é um termo para a relação de potência entre um sinal e o ruído de fundo:

Onde, P é a potência média. A potência do sinal e do ruído deve ser medida no mesmo ponto ou em pontos equivalentes de um sistema, e dentro da mesma largura de banda do sistema. Se o sinal e o ruído forem medidos através da mesma impedância, então o SNR pode ser obtido calculando o quadrado da relação de amplitude.

Onde, A é a amplitude da raiz quadrada média (RMS) (por exemplo, tipicamente, tensão RMS). Como muitos sinais têm uma amplitude dinâmica muito ampla, os SNR são normalmente expressos em termos da escala logarítmica de decibéis. Em decibéis, a SNR é, por definição, 10 vezes o logaritmo da relação de potência:

2.3.2 Bit Error Rate (BER)

A taxa de erro de bits (RIC) é utilizada nas telecomunicações digitais como uma figura de mérito pela eficácia com que o receptor é capaz de descodificar os dados transmitidos. É a percentagem de bits que tem erros em relação ao número total de bits recebidos numa transmissão, geralmente expressa como dez a uma potência negativa.

O RIC é uma indicação da frequência com que um pacote ou outra unidade de dados tem de ser retransmitido devido a um erro. Se o RIC for superior ao tipicamente esperado para o sistema, pode indicar que uma taxa de dados mais lenta melhoraria efectivamente o tempo global de transmissão para uma determinada quantidade de dados transmitidos, uma vez que o RIC pode ser reduzido, diminuindo o número de pacotes que tiveram de ser reenviados.

2.3.3 Ruído Gaussiano Branco Aditivo (AWGN)

O termo ruído térmico refere-se a sinais eléctricos indesejados que estão sempre presentes nos sistemas eléctricos. O termo aditivo significa que o ruído é sobreposto ou adicionado ao sinal onde limitará a capacidade do receptor de tomar decisões correctas sobre os símbolos e limitará a taxa de informação. Assim, AWGN é o efeito do ruído térmico gerado pelo movimento térmico do electrão em todos os componentes eléctricos dissipadores, isto é, resistências, fios, etc.

Matematicamente, o ruído térmico é descrito por um processo aleatório zero-mean Gaussiano onde o sinal aleatório é uma soma de variável aleatória de ruído Gaussiano e um sinal dc que é

$z = a + n$

Onde pdf para o ruído gaussiano pode ser representado da seguinte forma onde $\sigma 2$ é a variação de n.

$$p(z) = \frac{1}{\sigma\sqrt{2\pi}}\exp\left[-\frac{1}{2}\left\{\frac{z-a}{\sigma}\right\}^2\right]$$

Onde o factor 2 para indicar que Gn(f) é uma densidade espectral de potência de dois lados. Quando a potência sonora tem uma densidade espectral tão uniforme, é referida como ruído branco. O adjectivo "branco" é utilizado no mesmo sentido que com a luz branca, que contém quantidades iguais de todas as frequências dentro da banda visível de radiação electromagnética (EM). Uma vez que o ruído térmico está presente em todos os sistemas de comunicação e é uma fonte de ruído proeminente para a maioria dos sistemas, as características do ruído térmico que são aditivas, branco e gaussiano são mais frequentemente utilizadas para modelar o ruído nos sistemas de comunicação.

2.3.4 Desvanecimento

Desvanecimento do Rayleigh

A antena móvel, em vez de receber o sinal através de uma linha de visão, recebe um número de ondas reflectidas e dispersas. Devido ao comprimento variável do caminho, as fases são aleatórias, e consequentemente, a potência instantânea recebida torna-se uma variável aleatória. No caso de uma portadora não modulada, o sinal transmitido na frequência ω<: chega ao receptor através de uma série de trajectórias, tendo a i-ésima trajectória uma amplitude ai, e uma fase ϕï. Se partirmos do princípio de que não existe nenhum caminho directo ou componente de linha de visão (LOS), o sinal(s) recebido(s) pode(m) ser expresso(s) como

$$s(t) = a\cos(\omega t + \phi)$$

onde N é o número de caminhos. A fase ϕï depende do comprimento variável do traçado, mudando por 2π quando o comprimento do traçado muda por um comprimento de onda. Portanto, as fases são uniformemente distribuídas por [0,2π]. Quando há movimento relativo entre o transmissor e o receptor, acima do eqn deve ser modificado para incluir os efeitos da frequência induzida pelo movimento e das mudanças de fase. Deixar a onda ith reflectida com amplitude ai e fase Φï chegar ao receptor de um ângulo ψï relativo à direcção do movimento da antena.

2.4 RIC com e sem Interferência

Na ausência de perda de caminho, a energia de sinal recebida por bit é E_b. Para transmissão num canal AWGN sem MAI (utilizando sequências de propagação verdadeiramente ortogonais), o BER para o utilizador DS-CDMA em ruído branco aditivo Gaussiano de média zero e psd de dois lados No/2 é o mesmo que sem modulação do espectro de propagação, devido ao facto de (a)para o sinal desejado, as funções de propagação no transmissor e desprezamento no receptor se cancelarem, e

(b) o processo de despreading não altera as estatísticas da componente de ruído na entrada do dispositivo de decisão. Se for utilizado o BPSK, o BER para o utilizador de DS-CDMA com detecção coerente é

Se as sequências de propagação não forem ortogonais, o M AI de todos os outros utilizadores móveis do sistema irá aumentar o destino do erro de transmissão. Quando o número de utilizadores móveis no sistema é grande, as interferências de todos os outros utilizadores são independentes e têm um comportamento estocástico semelhante, a partir do teorema do limite central, o MAI pode ser aproximado como um processo gaussiano.

Além disso, com uma grande largura de banda W de espectro alargado, o psd da interferência é aproximadamente uniforme sobre a largura de banda. Como resultado, o efeito do MAI no desempenho de transmissão pode ser tratado da mesma forma que o aditivo.

2.5 Interferência de Acesso Múltiplo

Considere a transmissão de ligação directa de um sistema DS-CDMA de célula única usando BPSK, onde a interferência de acesso múltiplo devida a outros utilizadores na célula é sincronizada com o sinal desejado tanto na temporização do chip como na fase de portadora. Assume-se que (a) todas as sequências de código PN são independentes umas das outras, e os valores do chip "+1" e "-1" em cada sequência são igualmente prováveis e independentes umas das outras; (b) impulsos rectangulares são utilizados para as formas de onda de propagação. (c) o receptor utiliza detecções coerentes, (d) o número de utilizadores na célula é grande, e (e) os níveis de potência do sinal recebido de todos os telemóveis são os mesmos no receptor da estação base.

Deixe K denotar o número de utilizadores móveis no sistema. Considere o processo de detecção no receptor do utilizador móvel I.

2.6 Análise de Desempenho com Desvanecimento

O canal físico representa o meio de transmissão. Isto é normalmente representado com o canal AWGN, que se assume que adiciona ruído branco onde assumimos que o sinal não se desvanece. O desvanecimento ocorre quando o sinal é reflectido por obstáculos como árvores e edifícios na trajectória de propagação. Isto leva a múltiplos caminhos do sinal desde o transmissor até ao receptor.

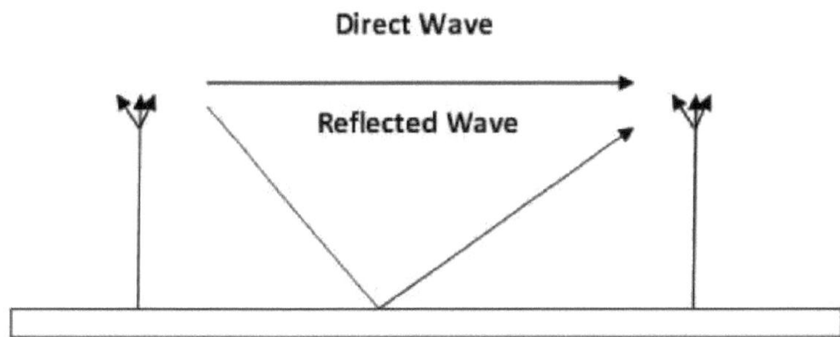

Figura 20: Diagrama mostrando os Sinais Múltiplos Desbotados.

O canal de desvanecimento do Rayleigh representa a propagação multi-caminhos que leva à interferência entre símbolos (ISI). Também resulta num desvanecimento temporal variável.

Capítulo Três : Resultados e Discussões

A investigação é iniciada com a revisão da literatura sobre o desempenho do CDMA DS, W-CDMA, e efeitos de desvanecimento no canal. Depois, um modelo genérico de DS W-CDMA como é mostrado na figura 3.1 é simulado usando QPSK e é seguido por BPSK. QPSK e BPSK são escolhidos nesta pesquisa porque são os principais candidatos para proporcionar um maior desempenho do sistema sem fios DS-CDMA com desvanecimento. A simulação é feita sob ruído e canal de desvanecimento multi-caminho usando MATLAB 7.0.0.19156a.

Como se mostra na figura 3.1, assume-se que os dados do utilizador são Bernoulli distribuídos e são representados como bn(t). Cada dado do utilizador é então multiplicado com um código PN independente ou diferente produzido por um gerador PN usando um operador lógico XOR. O sinal multiplicado de cada utilizador é representado como sn(t) após o sinal ser modulado ou por QPSK ou BPSK. Cada sinal é adicionado antes de ser submetido ao canal. No receptor, o sinal sk(t) é desmodulado antes de os dados do utilizador serem separados do código PN pelo operador lógico XOR.

Finalmente, quando as simulações necessárias são feitas, tabelas e gráficos de BER em função do SNR para vários parâmetros são traçados. A análise, comentários e conclusão serão feitos com base nos resultados das simulações.

AWGN e Rayleigh fading são escolhidos para representar o efeito de fading no canal porque queremos fazer uma comparação dos modelos do sistema WCDMA em duas condições extremas de canal.

Há muitos efeitos de desvanecimento que podem ser categorizados como desvanecimento em grande e pequena escala. O desvanecimento de Rayleigh representa o pior caso de desvanecimento multi-caminho, onde representa desvanecimento em pequena escala devido a pequenas mudanças de posição. Por outro lado, o AWGN representa o ruído térmico gerado por instrumentos eléctricos.

3.1 Metodologia de Simulação

A simulação por computador é a forma mais adequada, poderosa e eficiente de representar a situação real ou real do sistema de rádio móvel. Assim, o MATLAB 7.0.0.19156a foi identificado para simular o modelo W-CDMA com base em teorias, fórmulas e parâmetros relacionados.

Duas abordagens são adoptadas nesta investigação. Em primeiro lugar, a simulação é simulada usando Simulink e segue-se com simulação usando ficheiros m. Ao longo desta investigação, a taxa de bits para o gerador de sinal é variável.

Haverá três modelos de sistemas celulares sem fios WCDMA que serão utilizados neste projecto. Os modelos são:

1. Sistema WCDMA no canal AWGN

2. Sistema WCDMA em AWGN e Multipath Rayleigh Fading.

3. Sistema multiutilizador WCDMA em AWGN e Multipath Rayleigh Fading.

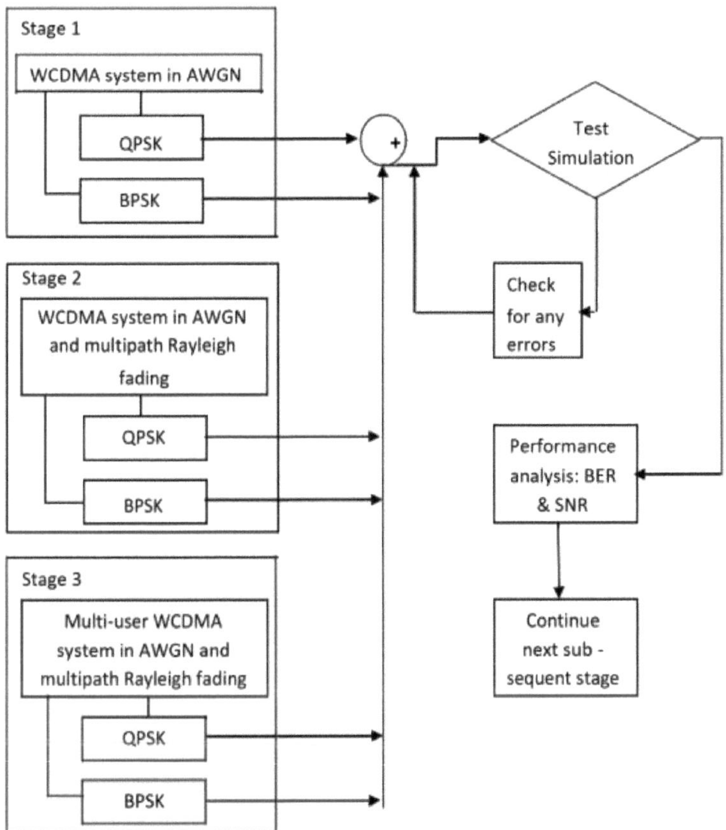

Figura 21: Fluxograma de simulação para modelos de sistemas W-CDMA utilizados em ficheiros Simulink & M

3.2 Simulação usando Simulink

Dois tipos de simulação foram escolhidos para estudar o desempenho das técnicas de modulação do WCDMA sujeitas a desvanecimentos multi-caminhos no canal. O projecto começa com a simulação utilizando Simulink. Simulink é um pacote de software que tem as capacidades de modelar, simular, e analisar sistemas dinâmicos cujos resultados e estados mudam com o tempo. O Simulink pode ser utilizado para explorar o comportamento de uma vasta gama de sistemas dinâmicos do mundo real, tornando-o software informático adequado para estudar o desempenho de técnicas de modulação sob o desvanecimento de múltiplos percursos. A simulação de um sistema dinâmico é um processo de dois passos com o Simulink. Primeiro, é simulado um modelo gráfico do sistema, utilizando o editor de modelos Simulink. O modelo descreve as relações matemáticas dependentes do tempo entre as entradas, estados, e saídas do sistema. Depois, o Simulink é utilizado para simular o comportamento do sistema durante um período de tempo especificado. O Simulink utiliza a informação introduzida no modelo para realizar a simulação.

3.3 Simulação na Fase 1: Sistema WCDMA no Canal AWGN

Na Fase 1, tanto a parte emissora como a parte receptora são construídas com base no modelo do sistema, como mostrado na Figura 3.5. O canal está sujeito apenas ao AWGN. Esta fase é dividida em cinco partes, como se segue:

1. Pressupostos

2. Parte transmissora

3. Parte Receptor

4. Parte do Canal

5. Análise de desempenho

3.3.1 Pressupostos na Fase 1

As suposições feitas para esta fase de simulação são indicadas como se segue:

A avaliação do desempenho é feita a um utilizador no ambiente multiutilizador. Considera que os restantes utilizadores contribuem com a interferência multi-utilizador para o utilizador de referência no sistema.

Multi-User Interference (MUI), no sistema é assumido como variáveis gaussianas zero-mean e é um AWGN. Isto é baseado na proposta ARIB que afirma que toda a interferência de outros utilizadores é modelada como Ruído Gaussiano Branco Aditivo (AWGN).

O ruído térmico K é muito pequeno e insignificante. Isto é baseado nos dados da proposta ARIB. Nesta simulação, apenas a transmissão t (estação base para estação móvel) é considerada.

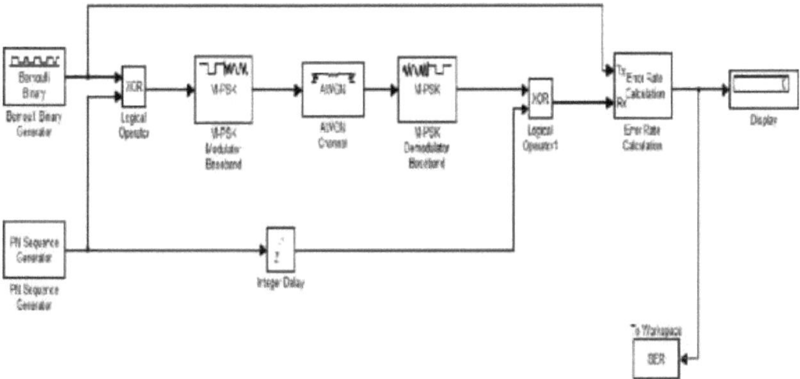

Figura 22: Modelo W-CDMA usando a técnica de modulação QPSK no canal AWGN

3.3.2 Concepção do Transmissor

3.3.2.1 Gerador de Sequência de Dados do Utilizador

O sinal é produzido por Bernoulli Data Generator. O bloco Gerador Binário Bernoulli gera números binários aleatórios utilizando uma distribuição Bernoulli. A distribuição Bernoulli com parâmetro p produz zero com probabilidade p e um com probabilidade 1-p. A distribuição de Bernoulli tem valor médio 1-p e variância p(1-p). A probabilidade de um parâmetro zero especifica p, e pode ser qualquer número real entre zero e um. A tabela abaixo mostra os parâmetros utilizados no bloco Gerador Binário Bernoulli.

Tabela 1: Parâmetros para o Bloco Gerador Binário Bernoulli

Parâmetro	Valor
Probabilidade de Zero	0.5
Sementes Iniciais	12345
Tempo de amostragem	Tsample
Saída com base em quadros	não verificado

Interpretar o Parâmetro Vectorial como 1-D	não verificado

Parâmetros para o Bloco Gerador Binário Bernoulli

- Probabilidade de Zero: A probabilidade com que ocorre uma saída zero. O valor de 0,5 significa os números binários aleatórios gerados com igual quantidade de '0' e '1'.

- Sementes Iniciais: O valor inicial da semente para o gerador de números aleatórios. 12345 foi escolhido.

- Tempo de amostragem: O período de cada vector baseado em amostras ou cada fila de uma matriz baseada em frames. Aqui, o Tsample é declarado no ficheiro m associado (chk_QPSK_no_noise.m) e tem um valor de 1/384000 segundos.

- Atributo de Sinal de Saída. Neste bloco, declaramos que o sinal é baseado em amostras onde a caixa de saída baseada em quadro está desmarcada.

3.3.2.2 Gerador de Sequência de Espalhamento

O bloco Gerador de Sequência PN gera uma sequência de números binários pseudorandômicos. Uma sequência pseudo-ruído pode ser utilizada num scrambler e descrambler pseudorandom. Também pode ser utilizado num sistema de espectro alargado de sequência directa. O bloco Gerador de Sequências PN utiliza um registo de turnos para gerar sequências. A tabela 3.2 abaixo mostra o parâmetro que tem sido utilizado na simulação.

Tabela 2: Parâmetros utilizados no Bloco Gerador de Sequência PN

Parâmetro	Valor
Polinomial de Gerador	[1 0 0 0 0 1 1]
Estados iniciais	[1 0 0 0 0 1]
Turno (ou máscara)	0
Tempo de amostragem, Tc	Tchip
Atributo de Sinal de Saída	Produção baseada em amostras

Parâmetros específicos do Gerador de Sequência PN

a) O parâmetro polinomial do Gerador tem vindo a especificar a utilização deste formato:

■ Um vector que enumera os coeficientes do polinómio por ordem decrescente de poderes. A primeira e a última entradas devem ser 1. Note-se que o comprimento deste vector é mais um do que o grau do polinómio gerador. Sabe-se que o grau do polinómio gerador é 6, pelo que o comprimento do vector é 7. Assim, nesta simulação, o valor do polinómio gerador especifica como [1 0 0 0 0 1 1 1] representa o mesmo polinómio, $p(z) = Z + Z + 1$ para cumprir o formato acima.

b) O parâmetro dos estados iniciais é um vector que especifica os valores iniciais dos registos. O parâmetro dos estados iniciais deve satisfazer estes critérios:

■ Todos os elementos do vector de estados iniciais devem ser números binários.

■ O comprimento do vector dos estados iniciais deve ser igual ao grau do polinómio gerador.

■ Pelo menos um elemento do vector de estados iniciais deve ser não zero para que o bloco possa gerar uma sequência não zero. Ou seja, o estado inicial de pelo menos um dos registos deve ser não nulo.

Assim, nesta simulação, o valor dos estados iniciais especifica como [1 0 0 0 0 1] para satisfazer os critérios

acima.

c) Tempo de amostragem: Tc neste caso é igual ao período do chip. Neste período de simulação do chip 260,4167 ns inverso da taxa do chip, são utilizados 3,84 M chips por segundo (Mcps) e é declarado no ficheiro (chk_QPSK_no_noise.m). Na caixa de verificação do parâmetro de tempo da amostra do ficheiro (QPSK_no_noise.mdl), é declarado como Tchip.

d) Atributo de Sinal de Saída: Em Simulink, cada sinal matricial tem um atributo de frame que declara que o sinal ou é baseado em frame ou em amostra, mas não em ambos. (Um sinal matricial unidimensional é sempre baseado em amostras, por definição.) O Simulink indica visualmente o atributo da moldura utilizando uma linha de conector dupla na janela do modelo em vez de uma única linha de conector. Em geral, Simulink interpreta os sinais baseados em moldura e baseados em amostra da seguinte forma:

Um sinal baseado num quadro com a forma de uma matriz M por 1 (coluna) representa amostras M sucessivas de uma única série temporal.

Um sinal baseado num quadro sob a forma de uma matriz 1 por N (linha) representa uma amostra de N canais independentes, tomados num único instante no tempo.

Um sinal matricial baseado numa amostra pode representar um conjunto de bits que representam colectivamente um inteiro, ou um conjunto de símbolos que representam colectivamente uma palavra de código, ou algo mais do que um fragmento de uma única série temporal.

Assim, neste bloco, declaramos o sinal a ser baseado em amostras com a caixa de saídas baseada em quadros desmarcada.

3.3.2.3 Espalhador

O bloco XOR tem sido utilizado para funcionar como um espalhador. O espalhador faz com que os símbolos de dados sejam espalhados para uma maior largura de banda, multiplicando os símbolos de dados binários aleatórios, taxa de bits igual a Tb com uma sequência de código de taxa de bits elevada (sequência de chip de pseudo ruído), taxa de chip igual a Tc.

Parâmetros específicos do bloco do operador lógico

a)   Operador. XOR foi seleccionado.

b)   Número de portas de entrada = 2

c)   A caixa "Mostrar parâmetros adicionais" está assinalada.

d)   A caixa "Exigir que todas as entradas e saídas tenham o mesmo tipo de dados" é assinalada.

e)   Modo de tipo de dados de saída. Foi seleccionado o modo lógico. Para evitar qualquer incompatibilidade de dados ou sinais, são tomadas as seguintes medidas. Ir para a barra de menu de parâmetros de simulação/simulação/ separador Avançado. Seleccionar Sinais Lógicos Booleanos para desligar, depois o tipo de dados de saída corresponderá ao tipo de dados de entrada, que pode ser Booleano ou duplo.

3.3.3 Técnicas de modulação

3.3.3.1 Modulador QPSK

Nesta simulação, foi utilizado o Modulador de Passagem de Fase em Quadratura (QPSK). O modulador M-PSK Modulator Passband module modula utilizando o método de chaveamento de mudança de fase M-ary. A saída é uma representação de banda passante do sinal modulado. O parâmetro do número M-ary, M, é o número de pontos na constelação do sinal.

Este bloco utiliza o bloco equivalente à banda de base, M-PSK Modulator Baseband, para cálculos internos e converte o sinal de banda de base resultante para uma representação de banda de base. Os parâmetros seguintes neste bloco são os mesmos que os do bloco equivalente da banda de base:

Número M-ary

Tipo de entrada

Encomenda da constelação

A entrada deve ser baseada em amostras. Se o parâmetro Tipo de entrada for Bit, então a entrada deve ser um vector de log de comprimento2 (M). Se o parâmetro Tipo de Entrada for Inteiro, então a entrada tem de ser um escalar.

Este bloco utiliza uma representação de banda de base do sinal modulado como resultado intermédio durante os cálculos internos.

A tabela 3.3 abaixo mostra o parâmetro que foi utilizado na simulação.

Tabela 3: Parâmetros utilizados no QPSK Modulator Passband Block

Parâmetro	Valor
Número M-ary	4
Tipo de entrada	Número inteiro
Período de símbolo (s)	1 / 3840000 Hz
Amostras de banda de base por símbolo	1
Frequência portadora (em Hz)	15000000
Fase inicial do portador (em rad)	pi/4
Tempo de saída das amostras (s)	1 / 38000000 Hz

Parâmetros específicos para simulação de banda de passe

a) O número M-ary é estabelecido até 4 significa que utiliza quatro pontos na constelação de sinais. Esta configuração indica também o modulador para funcionar como um modulador QPSK.

b) O parâmetro do tipo de entrada está configurado para inteiro significa que a entrada deve ser um escalar.

c) O parâmetro Período de Símbolo deve ser igual ao tempo da amostra do sinal de entrada. O tempo de amostragem do sinal de entrada é igual a Tc = 260,4167 ns. Portanto, o período do símbolo é igual a 260,4167 ns ou inverso de 1/3840000 Hz.

d) Amostras de banda de base por símbolo. As amostras de banda de base por parâmetro de símbolo indicam quantas amostras de banda de base correspondem a cada inteiro ou palavra binária na entrada, antes do bloco as converter para uma saída de banda de base. Nesta simulação, as amostras de banda de base por símbolo especificam para uma amostra de banda de base por símbolo.

e)A simulação de banda passante utiliza um sinal portador. Foi utilizada uma frequência portadora (fc), 15.000.000 Hertz (Hz). A frequência portadora real que deve ser utilizada é de 2 GHz para cumprir os requisitos da terceira geração. É utilizada uma frequência menor devido à capacidade do computador para simular um valor maior da frequência portadora. A simulação corre muito lentamente quando o valor 2 GHz é aplicado. A suposição feita para o ambiente de simulação, as diferenças entre os valores da frequência portadora não afecta o sistema.

f) A fase inicial da portadora em radianos especifica a fase inicial do sinal portador. Nesta simulação, a fase inicial = (pi/4) ou S/4 indica a fase inicial para o esquema de modulação QPSK.

g) Tempo de saída da amostra. O parâmetro Tempo de amostragem de saída determina o tempo de amostragem do sinal de saída. Os parâmetros relacionados com a redução devem satisfazer estas relações:

Período de símbolo >(Frequência portadora)

Tempo de saída da amostra <[2 * Frequência da portadora + 2/(Período do símbolo)]

3.3.4 Desenho de canais

O bloco do Canal AWGN acrescenta ruído branco gaussiano a um sinal de entrada real ou complexo. Quando o sinal de entrada é real, este bloco adiciona ruído gaussiano real e produz um sinal de saída real. Quando o sinal de entrada é complexo, este bloco adiciona ruído gaussiano complexo e produz um sinal de saída complexo. Este bloco herda o seu tempo de amostragem do sinal de entrada. Este bloco utiliza o bloco de Processamento de Sinal de Fonte Aleatória do Blocos de Processamento de Sinal para gerar o ruído. O parâmetro Semente Inicial neste bloco inicializa o gerador de ruído. A semente inicial pode ser ou um escalar ou um vector cujo comprimento corresponde ao número de canais no sinal de entrada.

A tabela seguinte 3.5 mostra os parâmetros utilizados no bloco AWGN.

Tabela 4: Parâmetros utilizados no bloco AWGN

Parâmetro	Valor

Sementes iniciais	1237
Modo	Relação sinal/ruído (Es/No)
Es/Não	EbNo
Potência do sinal de entrada (Watt)	1
Símbolo-período (s)	Tchip

No ficheiro genérico m, o EbNo produzirá uma sequência de 2 intervalos EbNo para 12 EbNo. O período de símbolo do bloco AWGN é Tchip que é equivalente a 1/38e6.

3.3.5 Desenho do Receptor

3.3.5.1 Demodulador QPSK

O bloco de Passband Demodulator M-PSK desmodula um sinal que foi modulado utilizando o método de chaveamento M-ary phase shift. A entrada é uma representação de banda passante do sinal modulado. O parâmetro do número M-ary, M, é o número de pontos na constelação do sinal. Este bloco converte a entrada numa representação de banda de base equivalente e depois utiliza o bloco equivalente da banda de base, M-PSK Demodulator Baseband, para cálculos internos. Os parâmetros seguintes neste bloco são os mesmos que os do bloco equivalente da banda de base:

Número M-ary

Tipo de saída

Encomenda da constelação

A entrada deve ser um sinal escalar baseado numa amostra. Parâmetros semelhantes para o QPSK Demodulator serão utilizados como QPSK Modulator, excepto para o tempo da amostra de entrada do parâmetro. Nesta simulação, o tempo da amostra de entrada é igual ao tempo da amostra de saída do QPSK Modulator.

Tabela 5: Parâmetros utilizados no Bloco Demodulador de Passbandas QPSK

Parâmetro	Valor
Número M-ary	4
Tipo de entrada	Número inteiro

Período de símbolo (s)	1 / 3840000 Hz
Amostras de banda de base por símbolo	1
Frequência portadora (em Hz)	15000000
Fase inicial do portador (em rad)	pi/4
Tempo de saída das amostras (s)	1 / 38000000 Hz

3.3.5.2 Atrasos da Demodulação QPSK

A modulação digital e os blocos de desmodulação por vezes sofrem atrasos entre as suas entradas e saídas, dependendo da sua configuração e das propriedades dos seus sinais. Consultar as Notas de Lançamento 'Blocos de Comunicação para Utilização com Simulink', todos os desmoduladores de banda passante excepto OQPSK sofrerão atrasos em quantidade de um período de saída. Assim, o desmodulador de banda de passe QPSK causa atrasos de um período de saída neste bloco de simulação.

Para calcular correctamente a taxa de erro do bit, atraso adicional de 1 segundo ao sinal transmitido para o sincronizar com o sinal recebido. Isto é feito directamente na máscara para o bloco de Cálculo da Taxa de Erro, definindo o atraso de Recepção para 1.

Pela mesma razão, a sequência do chip PN e os sinais recebidos precisam de ser sincronizados antes de entrarem no bloco Despreader. Neste caso, foi utilizado o bloco Integer Delay, o que atrasa um sinal pelo número de períodos de amostra especificados pelo parâmetro Delay. Definir o atraso como 1, o que é indicado pelo expoente -1 no bloco. O atraso sincroniza o sinal de sequência do chip PN com o sinal recebido, para que o bloco Despreader possa recuperar correctamente os símbolos de dados originais.

3.3.6 Despachante

A fim de recuperar os símbolos de dados do sinal de propagação, aplica-se o processo de despreensão. Isto é feito por 'XOR', o sinal de alta taxa de bits com um código chip de propagação local que tem a mesma sequência com o código de transmissão. Quando este código correcto é escolhido com a sincronização correcta, neste caso o atraso é um período de saída; a saída do bloco 'XOR' será exactamente a mesma que o sinal de origem. Os parâmetros do bloco

'Despreader' são os mesmos que o bloco 'Spreader'.

3.3.7 Cálculo da taxa de erro

O bloco de cálculo da taxa de erro compara os dados de entrada de um transmissor com os dados de entrada de um receptor. Calcula a taxa de erro como uma estatística em execução, dividindo o número total de pares desiguais de elementos de dados pelo número total de elementos de dados de entrada de uma fonte.

A tabela 3.8 abaixo mostra o parâmetro que tem sido utilizado na simulação.

Tabela 6: Parâmetros utilizados no Bloco de Cálculo da Taxa de Erro

Parâmetro	Valor
Receber atraso	1
Atraso na computação	0
Modo de cálculo	Quadro completo
Dados de saída	Porto
Reiniciar a caixa de bombordo	Não verificado
Caixa de simulação de paragem	Verificado
Número alvo de erros	5000
Número máximo de símbolos	5000

a)   Receber atraso configurado até 1 devido a causas de atraso pelo Demodulador QPSK. Referindo-se às notas de lançamento 'Communication Blockset for Use with Simulink', o atraso deve ser colocado como 1 para assegurar a sincronização do sinal transmitido com o sinal recebido.

b)   O modo de cálculo está definido para todo o quadro. Depois o bloco compara toda a moldura transmitida com toda a moldura recebida.

c)   Dados de saída. Este bloco produz um vector de comprimento três, cujas entradas correspondem:

A taxa de erro.

O número total de erros, ou seja, as comparações entre elementos desiguais.

O número total de comparações que o bloco fez.

O parâmetro de dados de saída é definido para Porto, e depois aparece uma porta de saída. Esta porta de saída contém as estatísticas de erros de funcionamento. Porta de saída deste bloco ligada ao Ecrã.

d)   A simulação pára quando o número máximo de símbolos é atingido a 5000 símbolos de dados, mesmo que o número alvo de erros não tenha atingido 5000 erros.

3.3.8 Mostrar

O bloco Exibir mostra o valor da sua entrada, a quantidade de dados mostrados e os passos de tempo em que os dados são exibidos são determinados pelos parâmetros do bloco:

O formato de visualização pode ser controlado seleccionando uma escolha de formato: curto, que exibe um valor escalonado de 5 dígitos com ponto decimal fixo

O parâmetro de Decimation permite exibir dados em cada enésima amostra, onde n é o factor de decifração. A decifração padrão, 1, mostra os dados em cada n-ésimo passo.

O parâmetro Tempo de amostragem permite especificar um intervalo de amostragem no qual se podem exibir pontos. Este parâmetro é útil quando se está a utilizar um solucionador de passos variáveis onde o intervalo entre os passos de tempo pode não ser o mesmo. O valor por defeito de 1 faz com que o bloco ignore o intervalo de amostragem ao determinar os pontos a exibir.

Tabela 7: Parâmetros utilizados no Bloco de Visualização

Parâmetro	Valor
Formato	Curta
Parâmetro de decifração	1
Cox de exposição flutuante	desmarcado
Tempo de amostragem	-1

O bloco de visualização mostra a taxa de erros dos bits, o número de erros e o número total de bits que são transmitidos.

3.3.9 Análise de Desempenho para a Fase 1

Nesta simulação, um ficheiro m genérico é utilizado juntamente com simulink para simular o RIC vsEb/No gráficos (consultar o Apêndice, secção 1.1). Este ficheiro m declara os parâmetros definidos na caixa de verificação do diagrama de blocos do simulink. Por exemplo, a variável Tsample declarada no ficheiro m é o tempo de amostragem do Gerador Binário Bernoulli. O Tchip, por outro lado, é o tempo de amostragem do gerador de sequência de espalhamento. EbNoVec é a relação sinal/ruído e é tomado em 6 pontos iguais a partir de 0. Depois, para loop é utilizado para calcular o RIC de cada EbNoVec a ele atribuído. O valor do EbNoVec será armazenado no espaço de trabalho. O comando sim é utilizado para simular o ficheiro mdl simulink. Finalmente, o comando semilog é utilizado para criar o gráfico para o BER vsEb/No.

Primeiro, a simulação é feita através da execução do ficheiro mdl em questão. Uma vez os valores de saída armazenados no espaço de trabalho, o ficheiro m associado é digitado sob a janela de comando e é executado. Finalmente, o gráfico BER vsEbNo gráficos são obtidos uma vez terminada a simulação.

O ficheiro genérico m utilizado para gerar BER vsEb/No gráfico

```
M = 4;

Tsample = 1/384000; % Bernoulli Binary Sampling time

Tchip= 1/3840000;   % Chip sampling time

BERVec = [];

EbNoVec = [0:2:12];

    for n=1:length(EbNoVec);

    EbNodB = EbNoVec(n);

    sim('WCDMA_QPSK_baseband');

    BERVec(n,:) = BER;

    end;

semilogy(EbNoVec,BERVec(:,1),'+');

legend('Bit error rate');

xlabel('Eb/No (dB)'); ylabel('Error Probability');

title('Bit Error Probability');
```

nesta fase, o sistema é simulado com base nas seguintes condições

1. Bit Error Rate (BER) versus Signal-to-Noise ratio (SNR) no canal AWGN para a técnica de modulação QPSK.

3.4 Simulação Fase 2: Sistema WCDMA em AWGN e Multipath

Rayleigh Fading

Na Fase 2, tanto o transmissor como o receptor são construídos com base no modelo do sistema, como mostrado na figura 3.2 e na figura 3.3. Neste modelo, é adicionado no sistema o bloco de canais multi-caminhos Raleigh fading fading. O resto dos blocos e parâmetros do sistema permanecem inalterados.

Nesta fase de simulação, o modelo é simulado no ambiente de simulação de banda de base. A entrada do bloco de desvanecimento Multipath Raleigh requer um sinal complexo que só pode ser obtido através da simulação em banda de base.

Além disso, na simulação da banda passante, a simulação modela a frequência portadora. Uma vez que a frequência portadora é normalmente um sinal de alta frequência, a modelagem de sistemas de comunicação de banda passante envolve elevadas cargas computacionais. Para aliviar este problema, são utilizadas técnicas de simulação de banda de base.

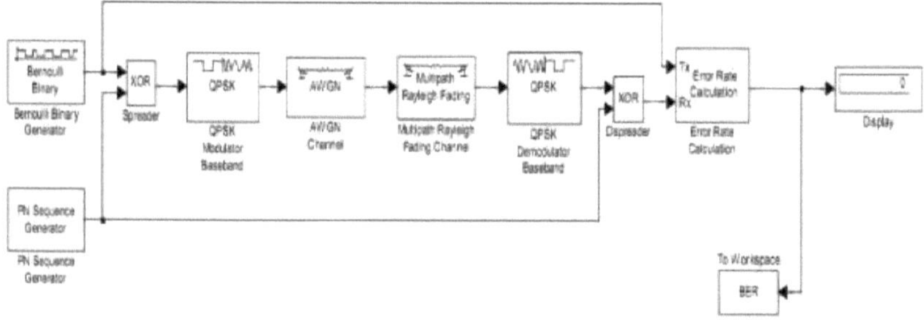

Figura 23: Modelo W-CDMA com Canal Multipath Raleigh Fading e Canal AWGN utilizando a Modulação QPSK

3.4.1 Canal

O bloco Multipath Rayleigh Fading Channel implementa uma simulação de banda de base de um canal de propagação Multipath Rayleigh fading. Este bloco é útil para modelagem de sistemas de comunicação móvel sem fios.

A tabela 3.10 abaixo é utilizada para inicializar os parâmetros no bloco de desvanecimento do Rayleigh multipath.

Tabela 8: Parâmetros utilizados no canal de desvanecimento Rayleigh multipath

Parâmetro	Valor
Desvio máximo de Doppler (Hz)	55.56 / 83.33 / 111.111
Tempo de amostragem (s)	1/3840000
Vector de atraso (s)	2-ray [0 2e-6] 3-ray [0 2e-6 3e-6]
Vector de ganho (s)	2-ray [0 -3] 3-ray [0 -3 1]
Normalizar o vector de ganho até 0 dB caixa de ganho global	Verificado
Semente inicial	40

a) Desvio máximo de Doppler (Hz): O movimento relativo entre o transmissor e o receptor provoca mudanças de Doppler na frequência do sinal. O PSD Jakes (densidade espectral de potência) determina o espectro do processo Rayleigh. Esta implementação é baseada no simulador de forma directa descrito na referência [1]. Algumas aplicações sem fios, tais como os sistemas GSM (Global System for Mobile Communication) padrão, preferem especificar as deslocações Doppler em termos da velocidade do telemóvel. Se o móvel se move à velocidade v fazendo um ângulo T de com a direcção do movimento da onda, então o desvio Doppler.

f é a frequência portadora da transmissão e c é a velocidade da luz. A frequência Doppler é o desvio máximo Doppler resultante do movimento do telemóvel. Neste projecto, para determinar o desvio máximo Doppler para sistemas de terceira geração, assumimos que a frequência portadora de transmissão, f = 2GHz. Assumimos movimentos móveis a três velocidades diferentes, v = 60 km/hr, v = 90 km/hr e v = 120 km/hr. Velocidades diferentes modelando o sistema em três situações diferentes; no meio da cidade, na estrada principal e na auto-estrada. Ângulo T ajustado a 60 graus.

Com base nas suposições acima, o desvio máximo de Doppler para cada valor de velocidade é:

Quando v = 60 km/hr; depois Fd = 55,56

Quando v = 90 km/hr; depois Fd = 83.33

Quando v = 120 km/hr; depois Fd = 111,111

b) Tempo de amostragem igual à taxa de código do chip, Tc = 3840000 Hz.

c) O vector de atraso é um vector que especifica o atraso da propagação para cada caminho. Neste projecto, assumimos que os atrasos para 2 caminhos são de 0 segundo e 2e-6 segundo e os atrasos para 3 caminhos são de 0 segundo, 2e-6 segundo e 3e-6 segundo.

d) O vector de ganho é um vector que especifica o ganho para cada caminho. Os ganhos para 2 percursos são de 0 dB e -3 dB. Os ganhos para 3 caminhos são de 0 dB, -3 dB e 1 dB.

e) Normalizar o vector de ganho até 0 dB da caixa de ganho global. A verificação desta caixa faz com que o bloco escalone o parâmetro Gain vector de modo a que o ganho efectivo do canal (considerando todos os caminhos) seja decibéis a 0 decibéis.

3.4.2 Análise de Desempenho para a Fase 2

Os mesmos procedimentos são utilizados para fazer a análise de desempenho para a fase 2, tal como são feitos na fase 1. A análise do desempenho para este sistema baseia-se nas seguintes condições:

1. BER versus SNR em AWGN e canal multipath Rayleigh fading com Doppler shift (60kmph, 90kmph e 120kmph) para a técnica de modulação QPSK.

Em resumo, há seis procedimentos a serem baseados para simulação na fase 1 e fase 2, como se mostra a seguir:

2. Bit Error Rate (BER) versus Signal-to-Noise ratio (SNR) no canal AWGN para a técnica de modulação QPSK.

3. BER versus SNR em AWGN e canal multipath Rayleigh fading com Doppler shift (60kmph, 90kmph e 120kmph) para a técnica de modulação QPSK.

4. BER versus SNR para comparar entre o canal AWGN e o canal multipath Raleigh fading para diferentes números de utilizadores para a técnica de modulação QPSK.

3.5 Simulação usando ficheiro M

Outro método é a simulação usando ficheiros M. Um script pode ser escrito no editor MATLAB ou noutro editor de texto para criar um ficheiro contendo as mesmas afirmações que podem ser digitadas na linha de comando MATLAB. O ficheiro é guardado com um nome que termina em .m.

A linguagem MATLAB utilizada no ficheiro m é uma linguagem matricial/array de alto nível com instruções de fluxo de controlo, funções, estruturas de dados, entrada/saída, e características de programação orientadas para objectos. Permite tanto programas simples como complicados para simular todas as situações em tempo real.

3.5.1 Geração de Código de Difusão

No CDMA, a escolha da sequência de código é muito importante no que diz respeito à interferência multiutilizador e multi-caminho encontrada pelo sinal no canal. Para combater estas interferências, o código tem de ter as seguintes propriedades:

1.	Cada sequência de código gerada a partir de um conjunto de funções de geração de códigos deve ser periódica com um comprimento constante.

2.	Cada sequência de código gerada a partir de um conjunto de funções de geração de códigos deve ser fácil de distinguir do seu código deslocado.

3.	Cada sequência de códigos gerada a partir de um conjunto de funções de geração de códigos deve ser fácil de distinguir de outras sequências de códigos.

3.5.2 Assunção e Limitação

DS-CDMA é o principal modelo de sistema para estudar o desempenho das técnicas de modulação em canal multi-caminho. Não haverá um esquema de correcção de erros (codificação de canais) utilizado neste projecto. Além disso, não haverá equalização, bem como intercalação empregada no modelo do sistema W-CDMA. Assume-se que o receptor não é um receptor RAKE nem um receptor MIMO. O canal está sujeito apenas ao desvanecimento AWGN e Rayleigh. Além disso, o RIC em AWGN para este modelo é baseado no SIGA (Simplified Improved Gaussian Approximation). Por outro lado, o RIC para Rayleigh fading baseia-se em transmissões síncronas ou assíncronas. Para a transmissão assíncrona, o pressuposto é que a Multi Access Interference (MAI) no canal flat Rayleigh fading tem uma distribuição de primeira ordem gaussiana. Contudo, a função característica,), é utilizada na transmissão assíncrona para determinar o MAI total, I, e portanto o RIC pode ser calculado com base nestas variáveis.

3.5.3 Análise de desempenho no W-CDMA

Com base em dados gerados por simulação informática de modelos W-CDMA, obtém-se uma relação para múltiplos raios usando técnicas de modulação QPSK e BPSK entre BER em função dos parâmetros seguintes. São eles:

1.   Bit Error Rate (BER) versus Signal-to-Noise ratio (SNR) no canal AWGN para a técnica de modulação QPSK.

2.   BER versus SNR em AWGN e canal multipath Rayleigh fading com Doppler shift (60kmph, 90kmph e 120kmph) para a técnica de modulação QPSK.

3.   BER versus SNR para comparar entre o canal AWGN e o canal multipath Raleigh fading para diferentes números de utilizadores para a técnica de modulação QPSK.

A análise do desempenho começa com a simulação usando Simulink. Nesta secção, a discussão da análise do desempenho é feita para QPSK e BPSK. No entanto, são descobertos resultados quase insatisfatórios quando o sistema é simulado utilizando o BPSK, particularmente no canal de desvanecimento Rayleigh multipath. O desempenho para esta técnica de modulação não produz o gráfico BER desejado.

Para ultrapassar este problema, a simulação é seguida da utilização do ficheiro m. Nesta abordagem, a simulação é feita com sucesso utilizando a técnica de modulação QPSK. Os gráficos BER desejados são obtidos para simulação no canal AWGN. Além disso, obtém-se um resultado satisfatório quando o sistema é simulado em AWGN e canal de desvanecimento multi-caminho sujeito a Doppler Shift com terminal móvel em movimento a 60kmph, 90kmph e 120kmph. Contudo, a simulação não produz o resultado desejado quando o BPSK é utilizado como técnica de modulação no sistema WCDMA. Os resultados destas duas abordagens são discutidos neste capítulo.

3.6 Simulação usando Simulink

3.6.1   DSSS da geração de código CDMA

3.6.1(a)   Tipo-1: Sistema de Utilizador Único

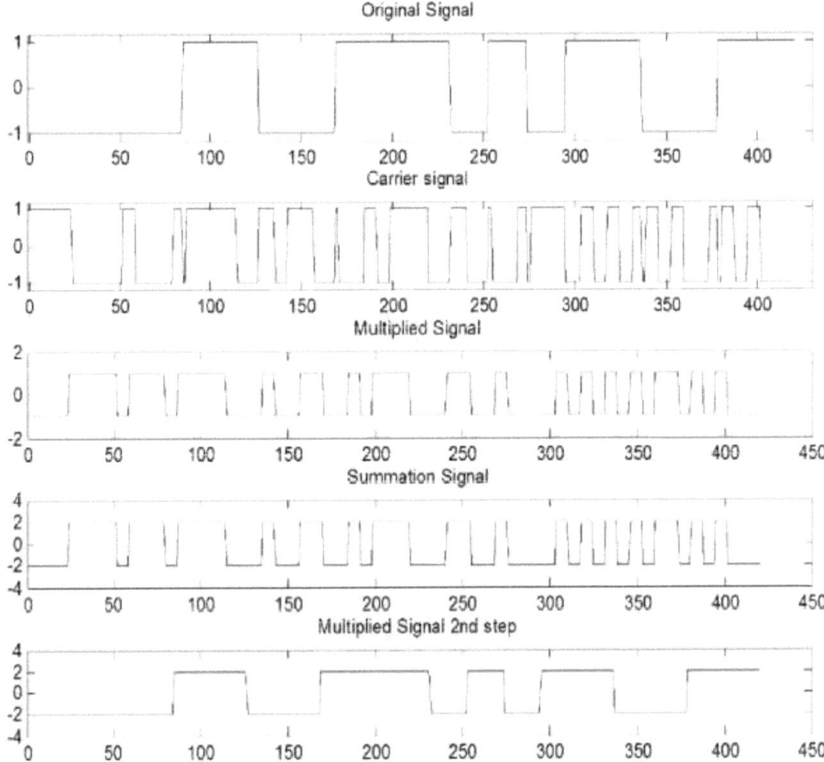

Fig 24: Sistema CDMA de utilizador único (técnica de geração de código)

3.6.1(b) Type-1: Sistema Multi-Utilizador CDMA

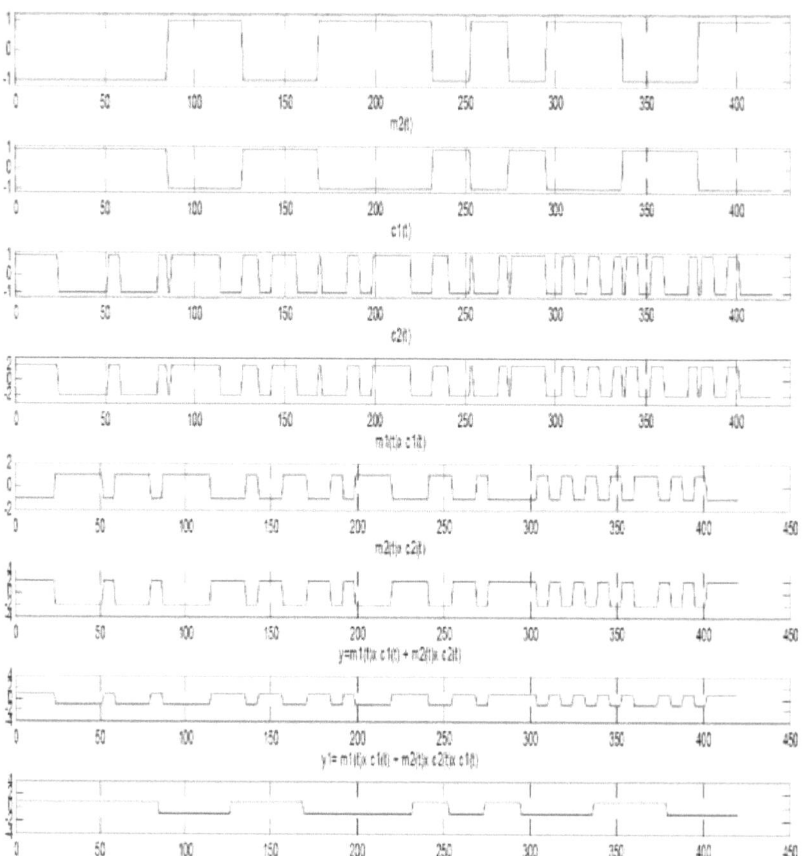

Fig 25: Sistema CDMA multiutilizador (técnica de geração de código)

3.7. Análise de desempenho

3.7.1 Análise de desempenho da técnica de modulação QPSK do WCDMA em AWGN

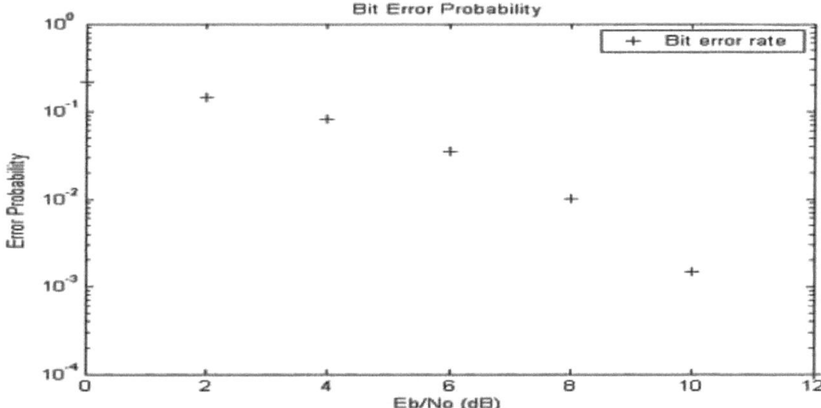

Figura 26: Desempenho do sistema WCMA usando QPSK no canal AWGN

3.7.2 Análise de desempenho da técnica de modulação QPSK do WCDMA em AWGN **e Multipath**

Fading Channel

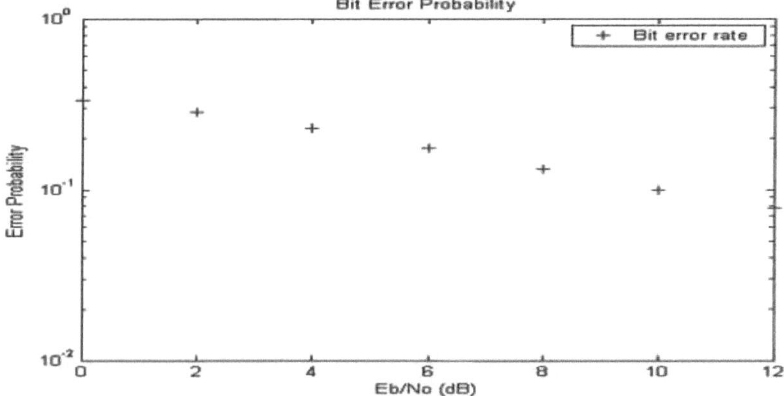

Figura 27: Desempenho do sistema WCDMA usando QPSK no Canal de Desvanecimento Multipath a 60 kmph

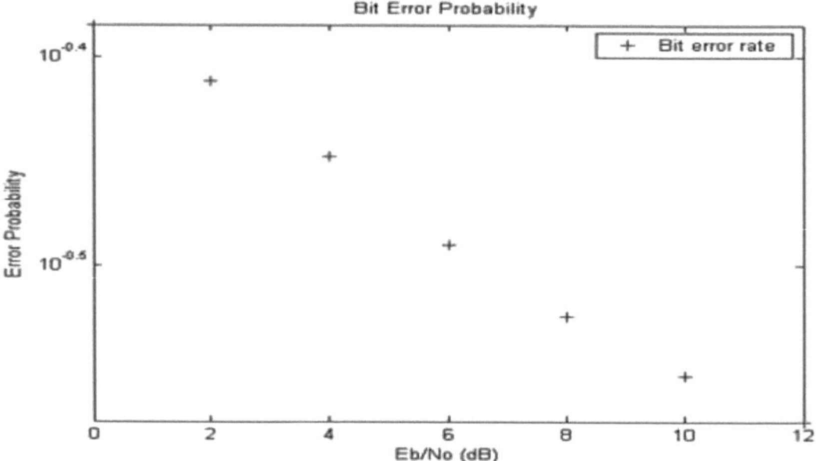

Figura 28: Desempenho do sistema WCDMA usando QPSK no Canal de Desvanecimento Multipath por 90kmph

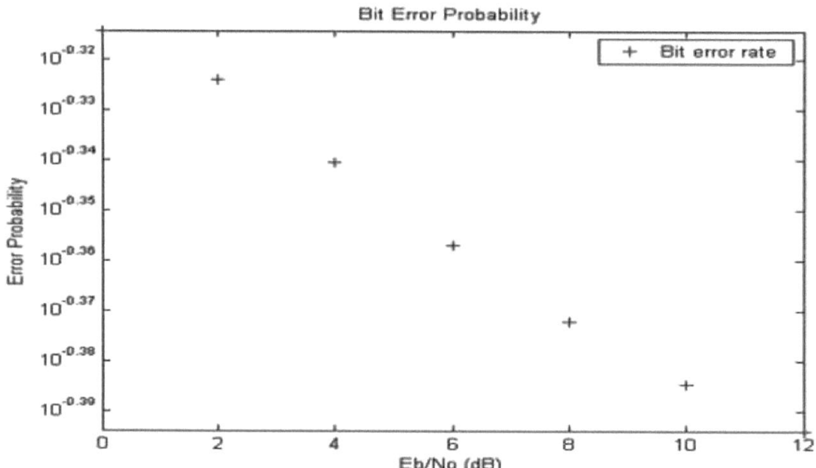

Figura 29: Desempenho do sistema WCDMA usando QPSK no Canal de Desvanecimento Multipath a120kmph

3.8 Simulação usando ficheiros M

3.8.1 Análise de desempenho da técnica de modulação QPSK do WCDMA em AWGN

Resultado da simulação para avaliação no BER vs. SNR para canal AWGN de 2 raios para 1 utilizador quando o número de dados é 200.000

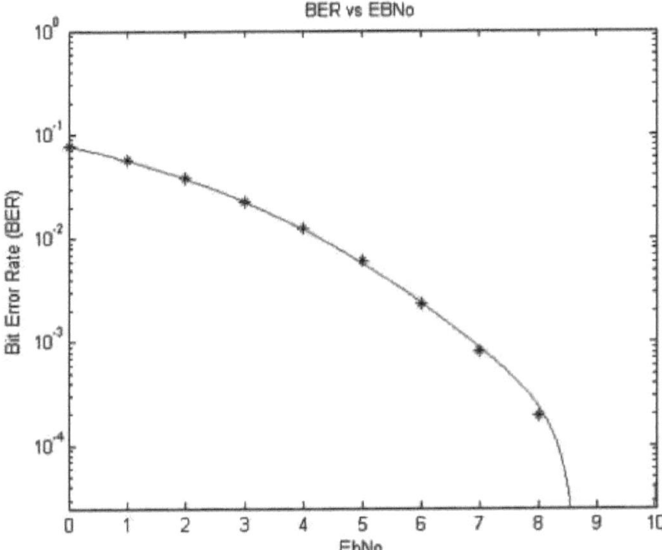

Figura 30: Desempenho do WCDMA em Canais AWGN de 2 Raios para 1 Utilizador

3.8.2 Análise de desempenho da técnica de modulação QPSK do WCDMA em AWGN e Multipath Fading Channel

A simulação do RIC é feita no intervalo de 0 a 20 do EbNo. Os gráficos do RIC de vários turnos de Doppler são simulados no mesmo gráfico que é mostrado na figura 4.10. O eixo y do RIC é explodido para retratar o comportamento em ambiente de Doppler shift.

Resultados de simulação para avaliação no BER vs. SNR para 2 canais Multipath Rayleigh Fading de 2 raios para 1 utilizador quando o número de dados é 200,000 a 60, 90,120 kmph

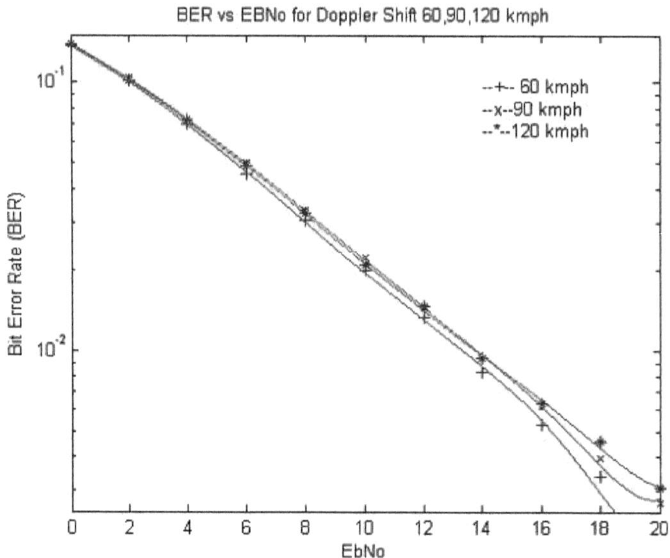

Figura 31: Desempenho do WCDMA em canais de 2 vias Multipath Rayleigh Fading para 1 utilizador

3.8.3 Análise de desempenho Comparação da técnica de modulação QPSK de WCDMA entre AWGN e Rayleigh Fading Channel

Resultado da simulação para avaliação no BER vs. SNR para canal AWGN de 2 raios e canal Multipath Rayleigh para 1 utilizador quando o número de dados é 200.000 e para 5 utilizadores quando o número de dados é 100.000

(a)

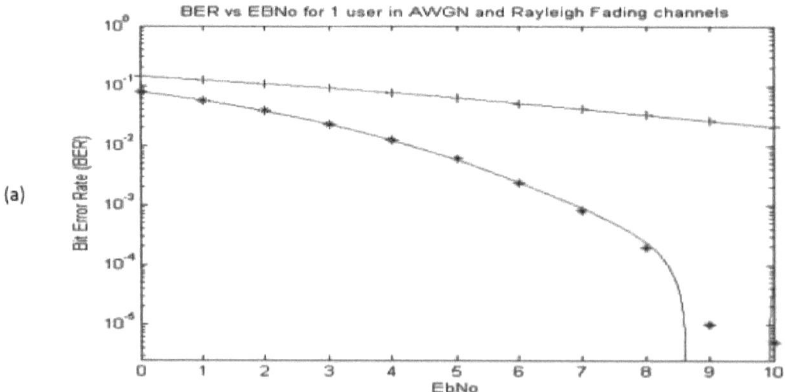

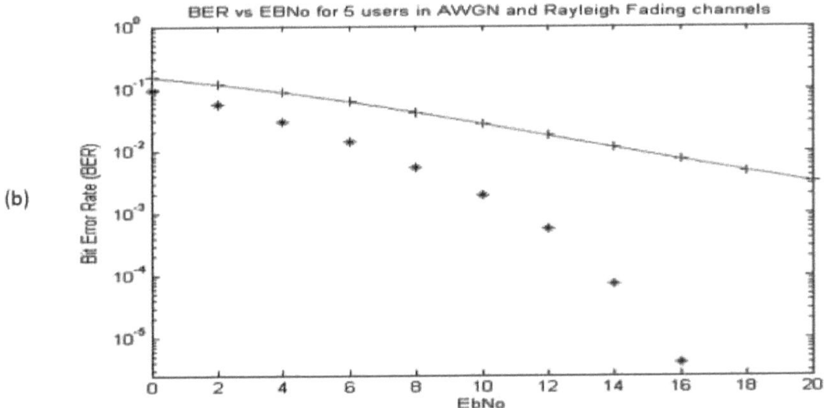

(b)

Figura 32: (a) Comparação do desempenho do WCDMA em 2-Raios entre canais AWGN e Multipath Rayleigh Fading Channels para 1 utilizador (b) Comparação do desempenho do WCDMA em 2-Raios entre canais AWGN e Multipath Rayleigh Fading Channels para 5 utilizadores

3.9 Codificação de Script Matlab utilizando ficheiros M

3.9.1 Análise de desempenho da técnica de modulação BPSK do WCDMA em AWGN

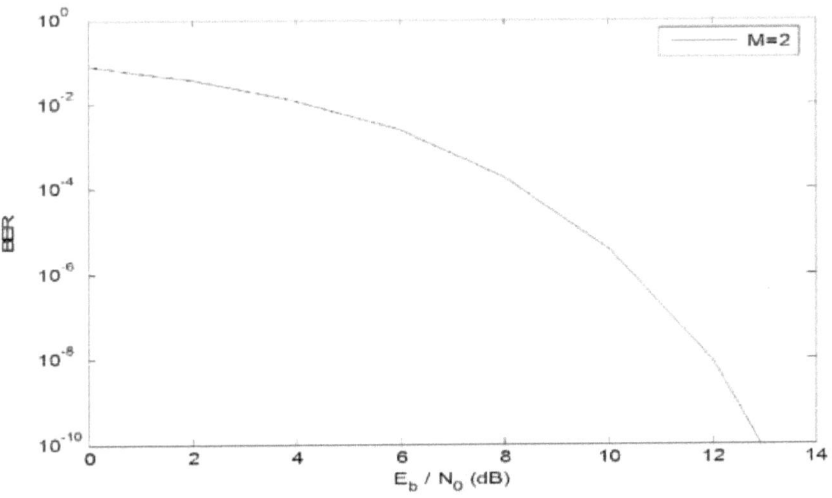

Fig 33: BER vs. SNR para o utilizador, M=2 sem desvanecimento utilizando o canal AWGN

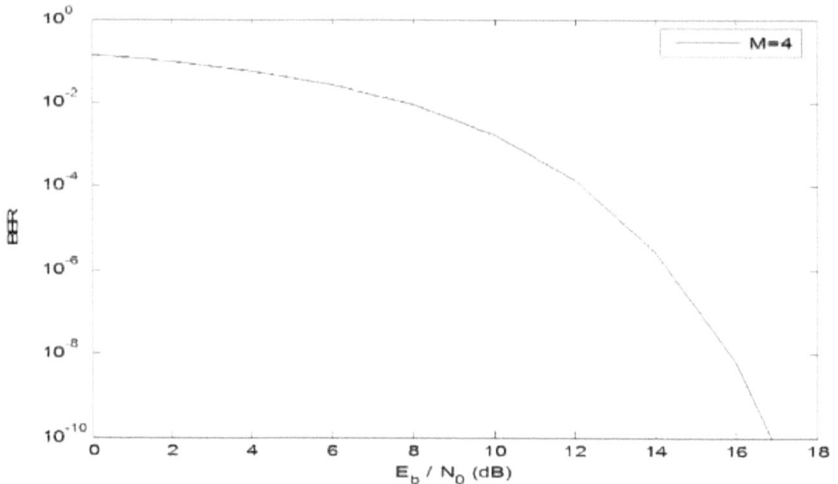

Fig 34: BER vs. SNR para o utilizador, M=4 sem desvanecimento utilizando o canal AWGN

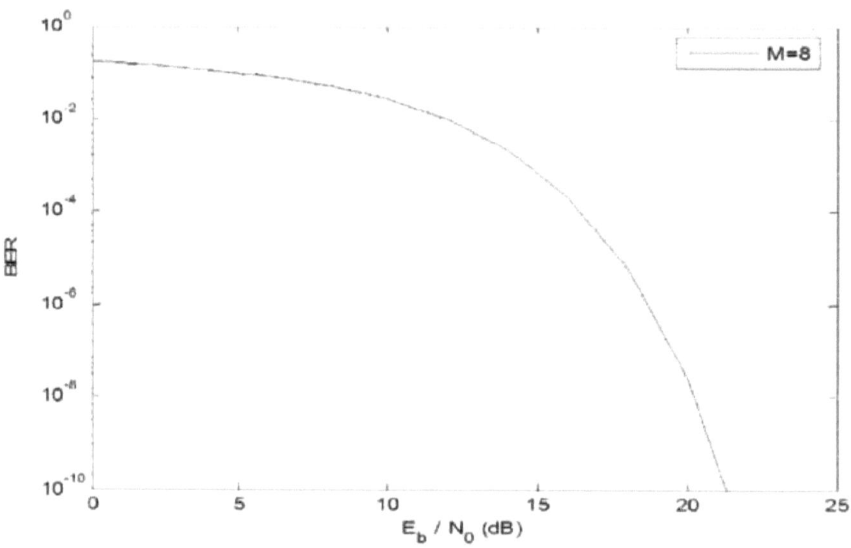

Fig 35: BER vs. SNR para o utilizador, M=8 sem desvanecimento utilizando o canal AWGN

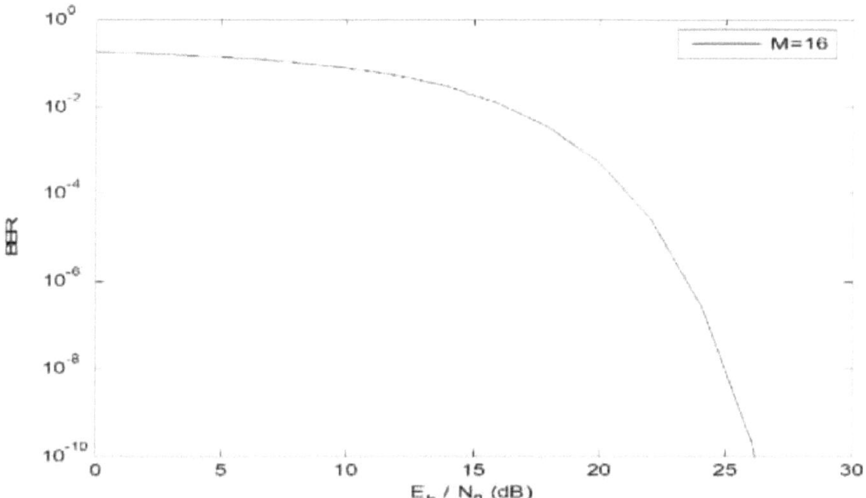

Fig 36: BER vs. SNR para o utilizador, M=16 sem desvanecimento utilizando o canal AWGN

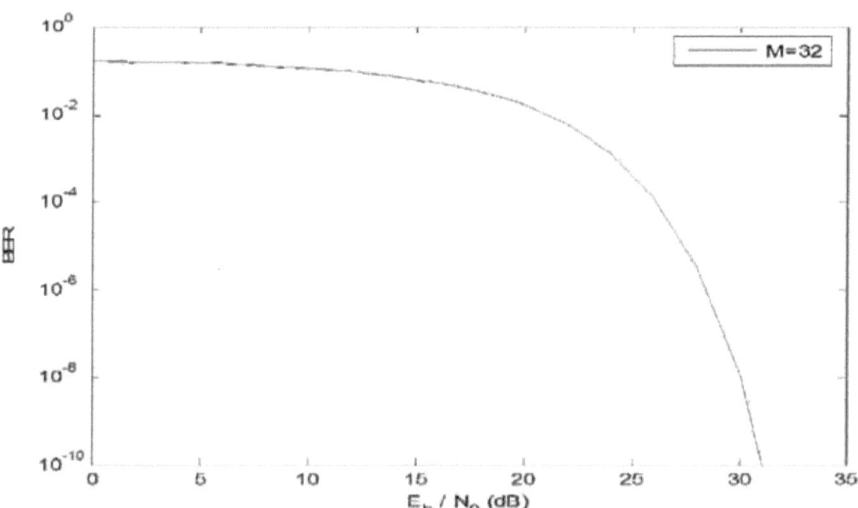

Fig 37: BER vs. SNR para o utilizador, M=32 sem desvanecimento utilizando o canal AWGN

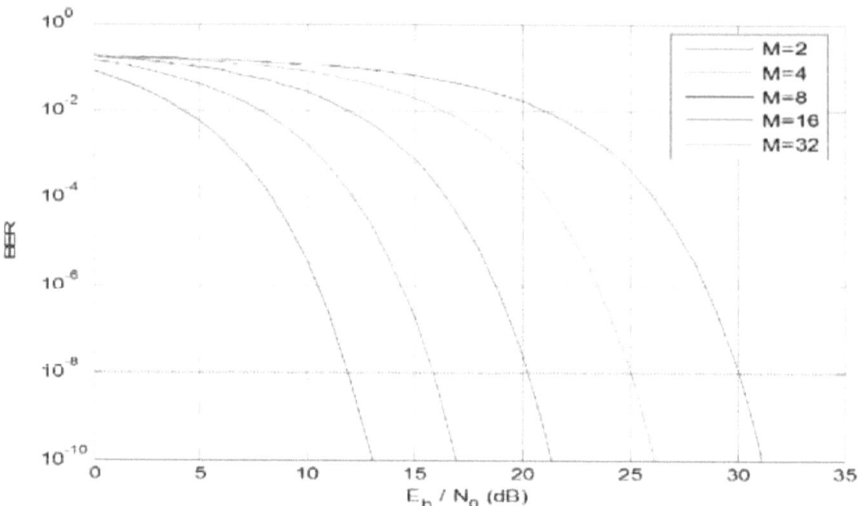

Fig 38: Comparação do BER vs. SNR entre diferentes números de utilizadores sem desvanecimento utilizando o canal AWGN

3.9.2 Análise de desempenho da técnica de modulação BPSK do WCDMA na presença do canal Rayleigh fading

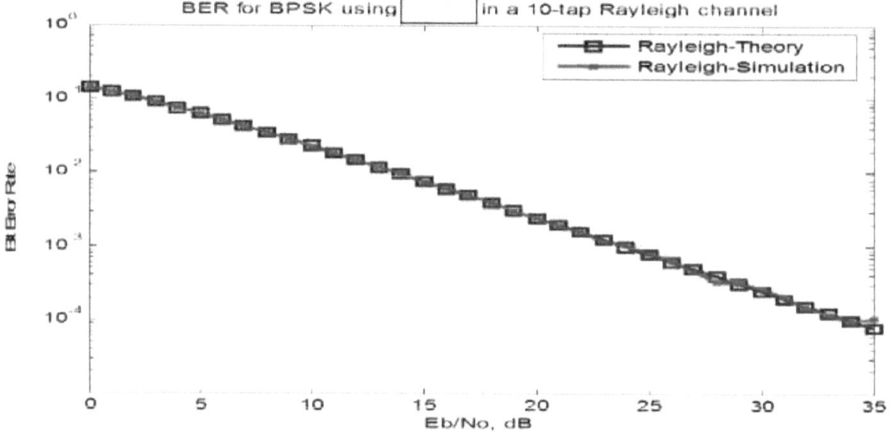

Fig 39: BER vs. SNR em com canal Rayleigh fading na técnica de modulação BPSK

3.9.3 Comparação da Análise de Desempenho da modulação BPSK técnica de WCDMA sem e com desvanecimento

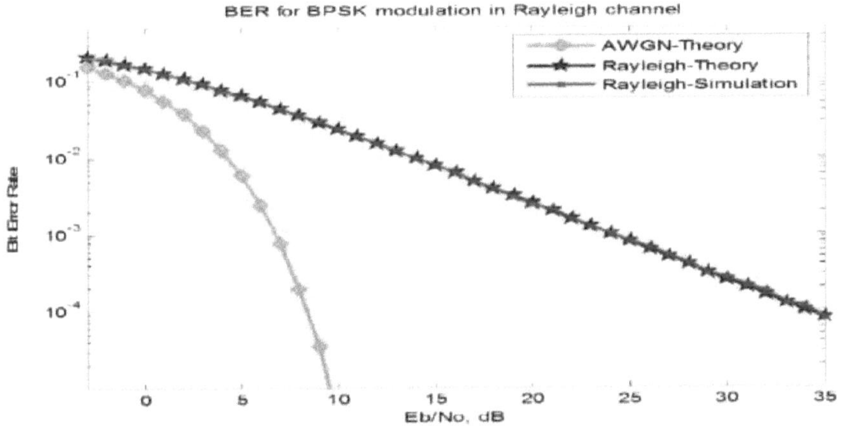

Fig 40: Comparação de BER vs. SNR no canal sem e com Rayleigh fading em BPSK

3.10 RIC vs. N.º de utilizadores (M)

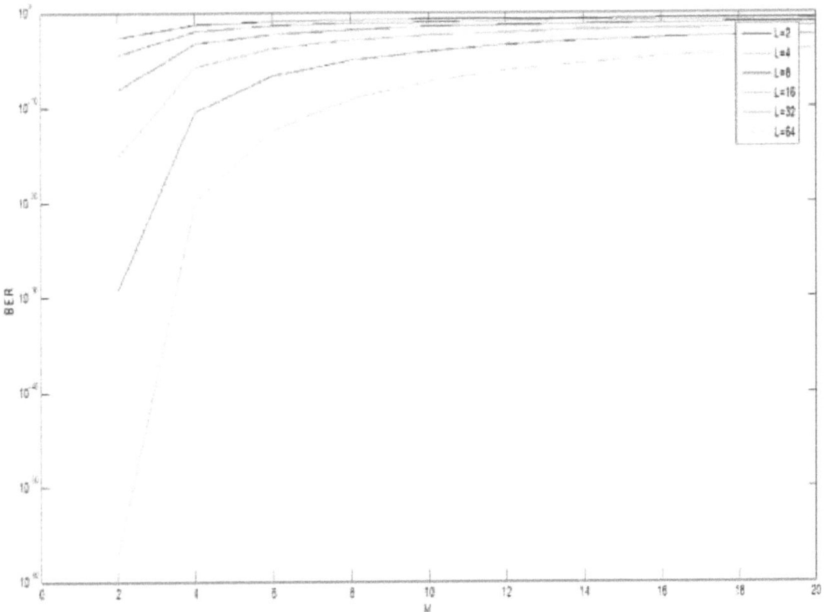

Fig 41: RIC vs. N.º de utilizadores (M)

Capítulo Quatro : Conclusão e Trabalhos Futuros

4.1 Conclusões

Nesta investigação, investigámos o desempenho da rede DS-CDMA no ruidoso canal AWGN. Foram avaliados os princípios básicos das comunicações de espectro alargado e a implementação da divisão directa de código de sequência de acesso múltiplo. O desempenho dos esquemas de modulação BPSK foi considerado e analisado através dos resultados da simulação. Executámos a simulação para um único utilizador e foram também avaliados os efeitos do aumento do número de utilizadores na rede. A simulação e os resultados práticos foram comparados utilizando os gráficos SNR do BER Vs. Os diagramas mostram a implementação dos sistemas modelados. Finalmente, foram tiradas as conclusões, bem como a investigação futura.

No campo das telecomunicações os maiores desafios são transmitir a informação da forma mais eficiente possível através de uma largura de banda limitada, embora alguns dos bits de informação se percam na maioria dos casos e o sinal que é enviado originalmente enfrente o desvanecimento. Para reduzir a taxa de erro dos bits, a perda de informação e o desvanecimento do sinal deve ser minimizado.

Na nossa investigação analisamos a técnica de modulação QPSK, para reduzir o desempenho de erro do sinal através do canal Rayleigh Fading Channel na presença de AWGN.

O desempenho do sistema W-CDMA no canal AWGN mostra que a técnica de modulação QPSK tem um melhor desempenho. Além disso, uma tendência semelhante é encontrada quando o canal é sujeito ao desvanecimento do Rayleigh multipath com Doppler shift. O desempenho da técnica de modulação QPSK no sistema W-CDMA degrada-se à medida que a mobilidade é aumentada. Contudo, o QPSK mostra um melhor desempenho no canal LOS e no canal multi-caminho Rayleigh fading fading.

À medida que o número de utilizadores aumenta, a técnica de modulação QPSK tem um mau desempenho no sistema W- CDMA. Em geral, a razão que causa um mau desempenho do sistema W-CDMA quando o número de utilizadores aumenta é porque o valor da correlação cruzada entre os códigos não é 0 e, portanto, causa interferência. Um esquema de modulação de taxa de dados mais elevado sofre uma degradação significativa no ruído e um canal de desvanecimento Multipath Rayleigh em comparação com uma técnica de modulação de taxa de dados mais baixa (por exemplo, QPSK). Os erros resultam da interferência entre as fases das portadoras adjacentes.

O maior valor de M de M de M-ary QAM sofre mais degradação do sinal. Assim, sugere-se que a técnica de modulação de alta taxa de dados necessita de uma codificação de correcção de erros como a codificação convolutiva ou a codificação turbo, de modo a que a interferência da fase portadora adjacente possa ser eliminada se não for minimizada.

4.2 Comparação entre com e sem Fading

Sem canais desbotados

Na comunicação sem fios, a transmissão de informação pode ser caracterizada por canais de ruído Gaussiano branco aditivo (AWGN). O ruído e as interferências são as principais causas de perturbação no canal. O sinal recebido é o sinal transmitido e é corrompido pela componente de ruído com média e variância zero $\sigma 2$ é igual a /2.

Canais em desvanecimento

O desvanecimento de múltiplos percursos resulta da dispersão do sinal devido aos reflexos das árvores dos edifícios, colinas, e outros objectos e efeitos atmosféricos. Isto é ilustrado na figura abaixo. As ondas reflectidas interferem com a onda directa que afecta o desempenho da rede. Quando não existe uma linha de visão entre o transmissor e o receptor, o desvanecimento de Rayleigh é mais aplicável. O canal Rician fading é utilizado se houver uma linha de visão. Para canais em desvanecimento, há também um ruído multiplicativo, além do AWGN. Assumindo a transmissão BPSK, o sinal recebido é o sinal transmitido multiplicado por um factor α e é corrompido pela componente de ruído com média e variância zero $\sigma 2 = N0/2$.

Aqui α é o factor que controla a perda do caminho que influencia as interferências. À medida que o α aumenta, a perda do caminho torna-se mais vital e o efeito das interferências diminui. O factor K do arroz é a relação de potência entre o percurso da linha de visão e os percursos dispersos. Para K=0 o modelo corresponde ao modelo de Rayleigh fading que é comum nas comunicações móveis quando não há linha de trajectória de visão entre o transmissor e o receptor. Como K é aumentado para o infinito, o canal converge para um canal AWGN.

4.3 Sugestão para trabalhos futuros

O nosso estudo centrou-se apenas nos canais de propagação AWGN, mas é possível obter mais resultados incluindo o canal de desvanecimento Rician, além do canal de desvanecimento AWGN e multipath Rayleigh. Depois, pode ser feita uma comparação entre estes canais.

Implementar um esquema de correcção de erros como a codificação de convolução e a codificação turbo assegura maiores probabilidades de sobrevivência do sinal no canal AWGN e multipath Rayleigh, melhorando assim o desempenho do sistema.

Também, outro gerador de sequências pode ser utilizado para gerar um código de chip único e distribuir a largura de banda do sistema W-CDMA ao lado da Sequência PN. Depois, pode ser feita uma comparação para determinar qual deles está a ter um melhor desempenho e boas características de BER.

Um receptor RAKE ou uma antena inteligente (Entrada Múltipla e Saída Múltipla) pode ser utilizada neste sistema para explorar os sinais retardados que chegam à antena causados pelo desvanecimento do Multipath Rayleigh.

Devido a restrições de tempo, a investigação assumiu um controlo de poder perfeito para minimizar a interferência entre os utilizadores. O algoritmo de controlo de potência poderia ser mais estudado e revisto através da implementação de técnicas de controlo de potência.

Como sujeito de pesquisa futura, a análise de desempenho do sistema DS-CDMA com uma matriz adaptativa num ambiente de desvanecimento Rayleigh e de desvanecimento lento log-normal pode ser alargada a um sistema com uma antena de matriz circular. O tempo bidimensional ou mesmo tridimensional e um modelo geométrico de ângulo de chegada também pode ser incorporado na análise de desempenho do sistema.

REFERÊNCIA

[1]   Jon W. Mark, Weihua Zhuang; "Wireless Communications and Networking".

[2]   Dr. Kamilo Feher; "Wireless Digital Communication", Modulation and spread spectrum applications.

[3]   R. Kohno, R. Meidan, e L. B. Milstein; "Spread spectrum access methods for wireless communications", IEEE Commun. Mag., vol. 33, Jan. 1995.

[4]   K. S. Gilhousen, I. M. Jacobs, R. Padovani, A. J. Viterbi, L. A. Weaver, e C. E. W. III; "On the capacity of a cellular CDMA system". IEEE Transactions on Vehicular Technology, v40:303-312, Maio de 1991.

[5]   J. Proakis; "Digital Communications", McGraw-Hill, 4 rd Edition, 2001.

[6]   Ferrel g stremler; "Introdução aos sistemas de comunicação", 3ª edição; capítulo 10

[7]   Every S.Y.A.; "Design and Simulation of a Multi-Carrier Code Division Multiple Access Modem in Ptolemy", Graduation Research, Department of Electrical Engineering, Delft University of Technology, Holanda, Outubro de 1995

[8]   Bensley S.E., e Aazhang B., "Maximum-likelihood synchronization of a single user for code-division multiple-access communication systems", IEEE Trans. On Comm., vol 46, pp.392-399, 1998

[9]   Arun Shankar; "Comparação entre Sinais BPSK codificados e não codificados num sistema DS-CDMA"

[10]   "Simulation Based Analysis of Random Access CDMA Networks", Journal of Naval Science and Engineering 2004, Vol. 2, No.2, pp. 49-76

[11]   http://www.ant.uni-bremen.de/teaching/atidc/slides/part5 cdma.pdf

[12]   Miguel Gomez, Vincent Hag, Jeremy Laine, Francois Willame Coordenador, S. Ben Slimane; "Transmitter diversity in CDMA systems" 4 de Junho de 2003

[13]   Saket Sinha; "Throughput optimization for wireless data transmission", Junho de 2001

[14]   King Yung; "Performance analysis of multi services DS-CDMA cellular networks with soft handoff", Hor B.A.Sc, The University of British Columbia, 2001

[15]   http://www.cs.tut.fi/kurssit/83080/CDMA.pdf

[16]   http://en.wikipedia.org/wiki/Rake receptor

[17]   http://wireless.per.nl/reference/chaptr05/cdma/rake.htm

[18]   A.S. Madhukumar, François Chin, "An Efficient Method for High-rate Data Transmission using Residue Number System based DS-CDMA", IEEE.

[19]   Min-yan Song, Yang Xiao, Joachim Habermann, "High Data Rate Wireless System", IEEE, pp. 13441350.

[20] Theodore S. Rappaport, "Wireless Communication": Principle and Practice", Pearson Educational International, 2ª edição. 2002.

[21] Bernard Sklar, "Rayleigh Fading Channel in Mobile Digital Communication System Part 1: Characterization", IEEE Communication Magazine, pp. 90-100, Julho de 1997.

[22] Julian Cheng, Norman C. Beaulieu, "Accurate DS-CDMA Bit-Error Probability Calculation in Rayleigh Fading", IEEE Transactions on Wireless Communications, Vol. 1, No. 1, Janeiro de 2002.

[23] Michael B. Pursley, "Performance Evaluation for Phase-Coded Spread-Spectrum Multiple-Access Communication-Part 1: System Analysis", IEEE Transaction on Communications, Vol. Com-25, No. 8, Agosto de 1977.

[24] Michael B. Pursley, "Performance Evaluation for Phase-Coded Spread-Spectrum Multiple-Access Communication-Part 2: Code Sequence Analysis", IEEE Transaction on Communications, Vol. Com-25, No. 8, Agosto de 1977.

[25] Tony Ottoson, "Multi-rate Scheme and Multi-user Decoding in DS-CDMA Systems", Research for degree of Licentiate of Engineering of Chalmers University of Technology, Relatório Técnico nº 214L, ISBN 91-7197-217-X, Novembro de 1995.

[26] H. Harada & R. Prasad, Simulation and Software Radio for Mobile Communications, Artech House, 2nd Edition, 2002.

[27] J. M. Holtzman, "A Simple, Accurate Method to Calculate Spread-Spectrum Multiple-Access Error Probabilities", IEEE Trans. Communication, vol. 40, pp. 461-464, Mar.1992.

[28] Victor Wen-Kai Cheng, Wayne E. Stark, "Adaptive Coding and Modulation for Spread Spectrum", IEEE Journal, 1997.

[29] R. K. Morrow e J. S. Lehnert, "Bit-to-bit Error Dependence in Slotted DS-CDMA packet systems with random signature sequences", IEEE Trans. Commun, vol. 37, pp. 1052-1061, Out. 1989.

[30] B Sklar; Comunicações Digitais: Fundamentos e aplicações, fundamentos e aplicações - 2ª edição

[31] William C Y Lee; "Overview of Cellular CDMA", IEEE Transactions on Vehicular Technology, v 40, Maio de 1991

Printed by Books on Demand GmbH, Norderstedt / Germany